INNOVATION FOR SPATIAL PLANNING & GOVERNANCE OF
SMART HUMAN SETTLEMENTS THEORY, METHOD AND PRACTICE

智慧人居规划治理创新

理论、方法与实践

田莉 杨滔 郑筱津 林文棋 等 著

清华大学出版社
北京

图书在版编目 (CIP) 数据

智慧人居规划治理创新：理论、方法与实践 / 田莉
等著. -- 北京：清华大学出版社, 2024. 8. -- ISBN
978-7-302-66422-2

Ⅰ. TU984.2-39
中国国家版本馆CIP数据核字第2024TD2802号

审图号：GS京（2024）0104号

责任编辑：张　阳
封面设计：吴丹娜
责任校对：赵丽敏
责任印制：宋　林

出版发行：清华大学出版社
　　　　　网　　　址：https://www.tup.com.cn, https://www.wqxuetang.com
　　　　　地　　　址：北京清华大学学研大厦A座　　　邮　　编：100084
　　　　　社 总 机：010-83470000　　　　　　　　　邮　　购：010-62786544
　　　　　投稿与读者服务：010-62776969, c-service@tup.tsinghua.edu.cn
　　　　　质量反馈：010-62772015, zhiliang@tup.tsinghua.edu.cn
印 装 者：北京博海升彩色印刷有限公司
经　　销：全国新华书店
开　　本：170mm×240mm　　　印　　张：13　　　字　　数：211千字
版　　次：2024年8月第1版　　　　　　　　　　印　　次：2024年8月第1次印刷
定　　价：129.00元

产品编号：105646-01

北京高等学校卓越青年科学家计划项目
（JJWZYJH01201910003010）支持

序 一

21世纪初迎来了数字化与城镇化双驱动的新时代,诸如云计算、区块链、实景三维、物联网、边缘计算、AIGC大模型等新兴数字化技术正在改变人们的日常生产与生活方式,随之而来的移动支付、网络购物、线上会议、网红打卡、淘宝村、无人物流、低空经济等现象不断涌现,城镇化呈现出跨越时空、跨越产业、跨越人群的多极化、网络化、动态化。因此,数字化与城镇之间的相互作用机制尤其值得研究。

在此背景之下,《智慧人居规划治理创新:理论、方法与实践》一书的出版恰逢其时,在吴良镛院士创立的人居环境理论基础之上,拓展到数字化、智能化、智慧化的新维度,创新性地提出了智慧化时代的空间规划治理新模式。该书围绕高质量发展、高品质生活、高水平治理,探讨人居环境五大系统虚拟时空融合、人本视角多元时空互动、国土空间数智高效治理三大方面,辨析了人居环境系统在虚实空间耦合下所呈现的复杂性,聚焦多元主体不同空间价值诉求的平衡。

该书创新性地提出了智慧人居环境"冰山模型"框架,明确了不同版本的智慧人居,对应于不同深度的数字化技术理论与应用。依据此框架,该书针对国土空间规划治理,分别深入探讨了人居空间数智化建构、人居空间动态化规划以及人居空间精准化治理,对应于国土空间实景三维、国土空间格局优化、国土空间治理增效,具有较强的理论性。该书还总结了大量的优秀实践案例,增强了智慧人居环境技术与方法的可读性与可操作性。

面向我国国土空间高质量发展所面临的种种挑战与愿景,《智慧人居规划治理创新:理论、方法与实践》从理论与方法上独创地提出了一些解决之道,值得国土空间规划治理领域的学者、相关政府管理者、专业技术人员以及莘莘学子研读。

中国工程院院士
国家基础地理信息中心教授

序 二

《智慧人居规划治理创新：理论、方法与实践》一书延续了吴良镛院士的人居环境理论，开拓性地将物质化与社会化的人居环境理论延伸到数智化的人居环境理论，体现在多重系统虚实融合、人本时空多维互动、数智空间高效治理三大方面。针对人居环境各个系统以及子系统之间的关系，该书剖析了智慧人居环境的复杂性特征，即虚拟空间与现实空间耦合、价值诉求多元交织及动态流动性特征加深。

由此，"冰山理论模型"应运而生，将物质环境视为海面之上易于测量的人工建成环境与自然生态环境，将人文环境视为海面以下难以测量的社会经济文化等系统，而将复杂系统间未被认知的相互作用与机制，视为深海之中隐藏的秩序。该书创造性地提出了数字化经验决策的"智慧人居 1.0 版本"、智能化数据决策的"智慧人居 2.0 版本"，以及应用系统动力学模型、复杂网络演化、空间均衡模型、个体行为仿真和 CA+ABM+ 神经网络等的"智慧人居 3.0 版本"，面向未来的开放复杂模型的"智慧人居 X.0 版本"；并由此展望人居环境从"数字化—智能化—智慧化—愿景化"的跨越式转型。

基于上述理论与方法，该书确立了智慧化国土空间规划治理体系的构建路径：从基于现状资源调查与评估的数字化经验决策，逐步过渡到基于问题诊断和空间治理监督与预警的智能化数据决策，最终实现基于规划决策支持与多元共治的智慧化科学决策。围绕这条主线，该书以丰富而精彩的实践案例为主体，分别阐述了人居环境数智化构建、人居空间动态化规划以及人居空间精准化治理三大部分，图文并茂，便于读者深入研读与之相关的技术与方法细节。

我相信《智慧人居规划治理创新：理论、方法与实践》一书将会有助于智慧化的国土空间规划治理新模式的探讨，推动相关理论与方法的创新发展。

自然资源部智慧人居环境与空间规划治理技术创新中心技术委员会副主任委员
中国科学院院士
英国社会科学院院士
香港大学城市规划及设计系城市规划及地理信息科学讲座教授

前　言

随着信息技术的不断发展与城市化进程的推进，人类对于舒适安全居住环境的需求日益增长。同时，大城市发展面临的问题十分复杂，交通拥堵、房价高企、环境污染等问题，仅依靠传统的规划治理手段难以科学、及时与精准应对。在信息技术快速发展的年代，借助智能技术加快实时感知、数据分析和自动化处理能力，助力城市高水平治理，成为应对"城市病"的有效路径。在城市感知上，利用传感器和物联网技术收集实时数据，可以更准确地了解城市的交通流量、能源消耗和环境指标。通过使用大数据和人工智能技术，更好地了解城市居民的需求和行为模式，以及城市基础设施的使用情况，从而实现更精细化的管理。同时，智慧的规划治理手段可以提供更好的公共服务和便利性，从而改善居民的生活质量。

智慧人居环境的建设需要跨学科的合作与思考，涵盖了空间规划设计、地理信息、建筑学、信息技术等众多领域。通过充分利用智能技术和大数据分析，我们可以打造智慧的城市基础设施，提高资源利用效率，改善居民的生活质量，并促进社会经济的可持续发展，助力实现"高质量发展、高品质生活、高效能治理"的战略目标。

本书是基于清华大学牵头、北京清华同衡规划设计研究院有限公司（简称"清华同衡"）与腾讯云计算（北京）有限责任公司（简称"腾讯云"）联合共建的自然资源部智慧人居环境与空间规划治理技术创新中心（简称"智慧人居创新中心"）过去数年研究实践经验总结编写而成。其中既有对"智慧人居"模型的理论思考，也有对人居环境数智化底板构建、空间动态化规划与人居环境精准化治理的内容总结。本书探讨了智慧人居环境的概念、原则和关键要素，深入剖析智慧手段在空间规划与治理中的路径与作用。

在本书中，我们将分享来自全球、全国各地的智慧人居环境与空间规划治理的优秀实践和案例研究。我们相信这些实践经验将为各地决策者、规划师、学者和公众提供有益的参考，激发创新思维，并为推动智慧人居环境与空间规划治理做出积极贡献。我们将持续梳理未来智慧人居与空间规划治理的相关实践经验与理论思考，相继推出智慧人居系列书籍的 2.0、3.0……版本，衷心希望本书能够成为促进智慧人居环境与空间规划治理发展的重要工具书和参考资料。我们期待与您一同探索、创新，并共同建设更加智慧、宜居和可持续的未来城市。

本书是团队工作的成果，各部分作者如下：

第一章"绪论"：田莉、来源、刘锦轩、刘子昂、杨鑫、刘晨、梁印龙、胡安妮。

第二章"基于复杂性系统的智慧人居环境冰山理论"：田莉、于江浩、刘晨。

第三章"人居环境数智化构建"：秦潇雨、孙驰天、王鹏、陈志洋、杨滔、来源。

第四章"人居空间动态化规划"：郑筱津、林文棋、余婷、孙小明、汪淳、李颖、连欣蕾、齐大勇、冯楚凡、刘雨晴、霍晓卫、张捷。

第五章"人居空间精准化治理"：杨滔、郑筱津、秦潇雨、田莉、林文棋、刘晨、谢盼、郑茜、吴梦荷、何慧灵、孙小明、何钦一。

全书由田莉、杨滔拟定目录并进行统稿。

田莉
智慧人居创新中心主任
2023 年 10 月于清华园

目　录

第一章

绪论

一、智慧、人居环境和空间规划治理内涵

（一）"智慧"的内涵

《墨子·尚贤中》所言"若使之治国家，则此使不智慧者治国家也，国家之乱，既可得而知已"最早提出了"智慧"一词，其包含了对自然环境与人文环境的感知、记忆、理解、分析、判断、升华等各项能力。随着信息通信技术的快速发展，传统国家治理的内涵和框架需要进一步拓展和优化，"智慧"的内涵已经超越了"数字化""智能化"等"技术至上主义"思想，进而成为一种包含社会人文、科学技术等领域的更高层次、更加丰富，同时也更接近人居环境实相的哲学视角。

"智慧"一词是由"智"和"慧"两个字组合而成，前者遵循的是科学逻辑，是指解释事物的归因能力；后者遵循的则是人文逻辑，强调理解事物的顿悟能力。"智慧"不仅是一个技术系统，通过互联网、物联网、人工智能、大数据、云计算、数字孪生等技术的集成和运用，对客观的事物进行感知、分析和判断。它也是一个价值体系，在中国特色社会主义进入新时代以来，社会发展的主要矛盾发生了巨大变化，推进国家治理体系和治理能力现代化，必须坚持以人民为中心：从主体维度来看，"智慧"强调以人民为主体的"协同共治"；从实施维度来看，"智慧"是破除技术和制度壁垒的"融合之治"；从对象维度来看，"智慧"既要涉及政治、经济、文化、社会、生态方方面面的城市整体，也要惠及居民个体，是体现"普惠性"与"人文关怀"的"整体智治"（方卫华 等，2022）。

如果只有"智"而没有"慧"，就会陷入"科学主义"的倾向，即认为自然科学和技术的进步可以使人的能力无止境地增长，诱使人们试图主宰所处环境中的所有事物，反而在改善自然或社会秩序的努力中弄巧成拙。而如果只有"慧"

而没有"智"，则会陷入"经验主义"的倾向，即片面强调感性的认知和经验、价值，缺乏基于理性的准则和科学的方法的系统分析，则无法掌握客观事物运行的基本规律。因此，"智慧"必须是"科学主义"和"经验主义"的结合、"理性"和"感性"的结合、"技术手段"和"人文价值"的结合，正如同《易经》所言："形而上者谓之道，形而下者谓之器"，上为"慧"，下为"智"，上下皆具，能以道御器，能以器得道，实现人造环境与自然环境的和谐、物质环境与人文环境的和谐，即为"智慧"。

（二）从人居环境到智慧人居环境

"人居环境科学"（the sciences of human settlements）是两院院士、国家最高科学技术奖获得者吴良镛先生在道萨迪亚斯"人类聚居学"基础上建构的科学体系，包含自然系统、人类系统、居住系统、社会系统和支撑系统五个子系统。"智慧人居"（intelligent human settlements）是在信息化时代、生态文明背景下，以数字赋能技术对诞生于工业文明时代的"人居环境科学"进行数智化拓展与提升。在原有五大系统基础上，提出了"虚拟空间系统"，通过"五大系统"与"虚拟空间系统"的相互映射反馈和交互融合，实现虚拟与现实智能交互、多元主体时空互动、空间数智高效治理的智慧人居环境。

总体来说，"智慧人居"包含如下三方面的理论内涵。

1. 多重系统虚实融合

（1）多重系统：三层次、六系统

传统人居环境主要表现为自然、人类、居住、社会和支撑五大系统的互动，而在智慧人居中，数字孪生等技术开创性地在虚拟空间中建构起传统人居环境的"镜像世界"，现实人居五大系统与虚拟空间系统相互映射反馈、交互融合，形成"现实与虚拟智能交互的智慧人居环境"（图1-1）。上述六大系统又可分为物质、人文、虚拟三个层次：即由自然系统、居住系统、支撑系统组成的物质环境，人类系统、社会系统组成的人文环境，以及虚拟环境。因此，智慧人居的多重系统可总结为"三层次、六系统"。

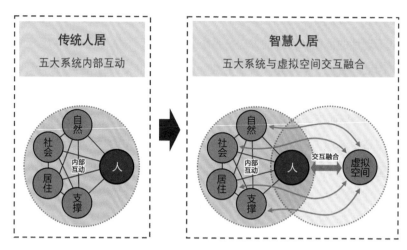

图 1-1　五大系统与虚拟空间交互融合的智慧人居环境

来源：作者自绘（智慧人居创新中心团队，2023）

（2）系统融合：自然与人工、物质与人文、现实与虚拟

智慧人居多重系统互动融合包含三个层次：第一层次是物质环境系统内部的

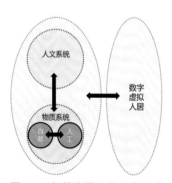

图 1-2　智慧人居六大系统互动
融合的三个层次

来源：作者自绘

自然与人工环境系统和谐共生；第二层次是物质环境系统与人文环境系统的互动融合；第三层次是现实环境与虚拟环境系统的虚实融合（图 1-2）。

虚拟人居空间不只是现实世界的复制，其内部的运行结构、呈现模式和人在虚拟空间的生活模式目前仍无定论。在这一技术体系的影响下，我们最终将会形成怎样的一种虚拟、现实之间的平衡，目前尚无确定的答案，这些制度与模式的空白和系统耦合之间的叠加产生的巨大可能性使得智慧人居环境系统结构可能会空前复杂，即使

支撑的技术体系是人类已经掌握的，未来的发展模式也是基于现实改进、演化而成，我们对于智慧人居环境的系统结构仍充满未知。

2. 人本时空多维互动

结合"物质—人文—虚拟"三个层次的智慧人居多重系统，人本时空多维互

动相对应也存在"环境感知—人文认知—虚实互动"三个层次。第一个层次是环境感知，即构建数字孪生技术下的人本时空环境感知体系，如城市实景三维、全域物联定位感知网等。在智能手机、物联设备等终端内置定位服务，实现人、车、物、环境的室内外定位能力，从而提供对该地区范围内城市动态运行状态的感知能力。第二个层次是人文认知，即数智化建构下人对人文环境系统的认知。如在时空感知体系所获取的动/静态数据基础上，接入社会化的时空动态数据（互联网、移动互联网等）及政务数据，利用"时空大数据和时空 AI 平台"，融合分析某地区人口迁徙移动特征、交通出行特征、舆情时空分布特征、商业活动动态特征、城市规划配套设施时空分布特征等各维度的时空图谱和城市体征，为城市运行管理系统提供"时空知识图谱和时空大数据分析"的智能分析能力。第三个层次是虚实互动，即"线上＋线下""虚拟＋现实"的多元主体虚实互动治理。通过创新"线上线下结合"的开放互动方式，聚焦搭建多元互动、资源集聚、利益协商的综合平台，向公民赋权授能，形成全民参与的智慧治理，有利于加强多元主体的安全感、获得感、归属感和幸福感。

3. 数智空间高效治理

以"人民对美好生活的向往"为导向，以国土空间治理能力现代化为目标，运用大数据、数字孪生、物联网等先进数字通信技术，重组和整合各类国土空间、资源和设施，使其更加互联、智能和高效。首先，对人居空间中各类主体的变化特征和趋势进行感知。其次，随着机器学习及人工智能的发展，利用智能化辅助工具对规划编制、管控与决策进行支持。此外，通过常态化、动态化、精准化的数据捕获，及时发现问题，明确治理方向和重点，实现自动发现问题、辅助解决问题、促进规划优化的动态过程。通过立足人本需求，重组和整合各类空间、资源和设施，拓展国土空间的数字孪生虚拟世界，利用数字化表达、定量化分析和智能化推演等技术手段使人居空间治理更加互联、智能和高效。

数智空间高效治理包含三个阶段：①管理为民阶段：以人民的需求为导向，以数字赋能提升管理运行效率，实现国土空间智慧管理；②多元共治阶段：向公民赋权，社会各主体自由表达治理诉求，形成多元主体参与共治的国土空间智慧治理格局；③精明善治阶段：智慧治理的高级阶段，全民主体的治理意识和水平得到提升，形成良性互动的善治网络，共同推动国土空间的高效治理与精明发展。防止智慧治理过度官僚化、技术化，出现"见物不见人""见技术不见人"等背离现象（图 1-3）。

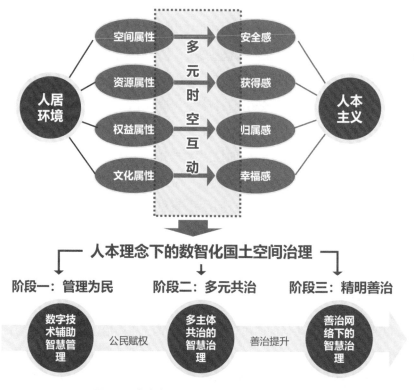

图 1-3　人本主义导向下的数智空间高效治理

来源：作者自绘

（三）智慧化时代的空间规划治理

进入智慧化时代，国土空间规划治理将以五大系统虚拟时空融合为技术底板、以人本视角多元时空互动为价值判断、以国土空间数智高效治理为基本目标，聚焦于数字智慧赋能的国土空间与人居环境支撑技术体系建设，实现对传统国土空间规划编制与治理手段的智慧化升级，服务于"高质量发展、高品质生活、高水平治理"的国家战略和科技创新需求，并在"区域协调发展、城乡活力提升、片区功能优化、社区多元治理"等不同层次推广应用（图 1-4）。

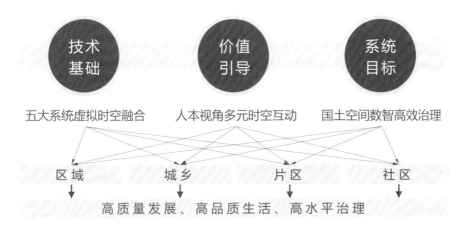

图1-4　智慧化时代空间规划治理的基本思路

来源：作者自绘

在国土空间实景三维领域，推动人居环境数智化构建，为国土空间规划编制和管理治理提供底数、底板、底线的支撑。通过数字孪生数据融合技术，将人、事、物关联到虚拟时空当中，建立标准的行为时空数据集，多源数据、多种算力、多样产品、多场景应用高效联动，提供多模态行为时空表达工具，从而适配不同尺度、不同粒度的业务场景；通过时空知识图谱建模技术，构建国土空间语义实体编码体系，采用面向对象的、规范化的数据描述语言对所用数据进行定义，利用自然语言处理技术提取领域专家研究和国土空间规划文本的结构化信息，建立行业场景知识体系；通过多模态动态可视化技术，融合"人、事、物"时空行为和手机信令、街景图片等多元时空大数据，进行高逼真可视化处理，形成数据空间化表达场景。

在国土空间格局优化领域，推动国土空间动态化规划，实现国土空间规划的"一张图"，在统一底图上将规划分析、预测模型与深度学习等结合，为智能情景模拟提供支撑。例如：通过智能时空共创技术，融合土地区位模型、交通网络模型、形态设计生成模型等，为国土空间规划提供分析工具；通过多规联动传导技术，构建政策、导则、项目的纵向传导和总体规划、专项规划的横向传导，实现"多规合一"；通过边界用途动态优化技术，在国家政策允许范围内对生态保护红线、永久基本农田保护红线和城市开发边界等进行优化调整。

在国土空间治理领域，推动空间规划精准化治理，打造智慧国土，促进提质增效。通过低效用地效能提升技术，建立"识别—评估—学习—决策"的优化路径；通过多主体协同式参与技术，构建"协同规划"平台，提供一套完整的协同工具，实现人本价值观；通过存量空间决策优化技术，对人、地、房、业进行全周期建设、运营、维护的评估和决策，实现存量更新和空间优化。

总体而言，智慧化时代的空间规划治理需要构建一套基于"数据平台—分析评估—辅助决策—协同参与"的技术流程，并完善"基础技术—业务场景—治理主体—应用方案—制度保障"的规划治理实施体系（图1-5）；通过数据驱动、深度学习、协同规划、智能模拟等智慧化手段，实现系统集成、辅助编制、在线审批、动态监测、评估预警、科学决策等空间规划治理目标，从基于现状资源调查与评估的数字化经验决策，逐步过渡到基于问题诊断和空间治理监督与预警的智能化数据决策，最终实现基于规划决策支持与多元共治的智慧化科学决策，并形成面向"可感知、能学习、善治理、自适应"的智慧化国土空间规划治理体系。

图 1-5 智慧化时代空间规划治理的实施体系

来源：作者自绘

二、人居环境领域信息技术应用的发展历程

人居环境领域的发展和规划对于提升人们的生活质量至关重要。信息技术的进步为城市规划、土地利用分析、交通规划等提供了强大的支持和创新手段。本节旨在回顾人居环境领域信息技术的发展历程，从早期阶段的地图制图到现代的智能化和大数据应用，展示这一领域的智慧化、智能化进步与突破。

（一）发展阶段

人居环境领域的信息技术与空间算法的发展历程可以追溯到几十年前的计算机科学与地理信息系统（geographic information system，GIS）的交叉应用。

20世纪70年代至80年代初为早期阶段，计算机科学与GIS开始结合，这一时期主要集中在地图制图、空间数据存储与查询等基础技术的发展。20世纪80年代中期至21世纪初，研究人员开始关注空间数据分析和空间建模，引入相关的算法，例如空间插值、空间关联分析等，以解决空间问题。随着数据库技术的发展，空间数据库得到了广泛应用，这使得大规模空间数据的存储和管理成为可能。同时，地理信息系统（GIS）的功能也得到了扩展，开始应用于城市规划、环境管理等领域。21世纪初，随着互联网的普及和Web技术的发展，Web GIS迅速崛起。Web GIS将空间数据和分析功能通过互联网呈现给用户，使得地理空间信息得到了更广泛的共享和利用。随着移动设备的普及，移动定位技术和位置服务成为人居环境领域的重要发展方向。人们可以通过移动设备获取周围环境的地理信息，并使用相关应用程序获取位置服务，如导航、附近兴趣点搜索等。近年来，人居环境领域开始融合人工智能、大数据分析等技术。通过机器学习和深度学习等方法，可以对大规模的人居环境数据进行分析和预测，以支持城市规划、环境保护等决策（图1-6）。

图1-6　人居环境领域信息技术发展阶段

来源：作者自绘

9

总的来说，人居环境领域的信息技术与空间算法的发展经历了从基础技术到应用技术的转变，从传统的 GIS 到 Web GIS 和移动定位服务，再到智能化和大数据分析的发展方向。这些技术的发展为城市规划、环境管理等领域提供了强大的工具和方法，有助于改善人们的生活质量、有利于环境可持续发展。

（二）人居环境领域相关信息技术的发展

进入大数据时代，人居环境领域开始融合人工智能、大数据分析等技术，通过机器学习和深度学习等方法对大规模的人居环境数据进行分析和预测，以支持城市规划、环境保护等决策。在人居环境领域有许多重要的信息技术，其中区块链技术、人工智能技术和数字孪生技术都具有独特的优势和应用潜力。随着区块链、人工智能、数字孪生等领域的重大技术突破，它们能够提供更加智能化、安全性和可持续性的解决方案，推动人居环境的进一步发展和改善。

人居环境的智慧化、智能化进一步强化跨层级、跨地域、跨系统、跨部门、跨业务的协同服务，包括基础设施的共建共享、数据资源加速整合、核心平台统筹谋划和应用服务多合一（中国信息通信研究院，2019）。因此类似区块链等能打破数据流通壁垒、提供数据共享保障、提高数据安全性的新兴技术正在大幅提升智慧城市的供给能力。另外，人工智能技术通过分析和处理大量的数据，能够提供智能化的决策和预测能力，在人居环境领域具有广泛的应用。数字孪生技术可以应用于建筑和城市规划的设计与模拟，通过虚拟环境对现实世界进行仿真、预测和优化。它可以帮助监测、分析和优化建筑物和城市系统等，提高能源效率、减少资源浪费，并提高人居舒适性。

1. 区块链技术

区块链技术起源于 2008 年年末中本聪设计的"比特币"。它是一种分布式数据库技术，由一个不断增长的数据块链组成，每个数据块中包含了多个交易记录，并且这些交易记录通过密码学方法保证了数据的安全性和一致性（袁勇 等，2017）。

区块链技术具有诸多优势：第一，区块链系统的根本特征是去中心化，这使得数据在整个网络中的传输和存储都是公开、透明、不可篡改的。第二，区块链系统中的数据安全性极高，因为新数据必须获得全部或者大多数节点的验证方可写入区块链账本，这使得区块链成为依靠共识机制和密码学算法自动产生信任的系统，可以实现信息流、资金流和物质流等要素的去中介化自由流通。第三，区块链系统采取建立在隐私保护基础上的、公开透明的数据读取方式，区块链账本数据以零成本方式向全体节点公开查询，从而可以降低节点的信任成本和系统不确定性（袁勇 等，2017）（图 1-7）。

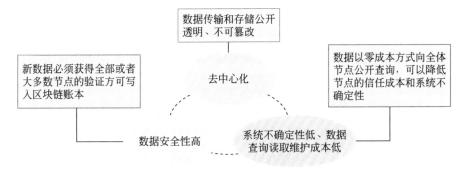

图 1-7　区块链技术的优势

来源：本章参考文献（袁勇 等，2017）

在人居环境领域，区块链技术可以用于构建智慧社区、智慧城市等数字化管理平台。区块链具备全网节点共同参与维护、数据不可篡改与伪造、过程执行透明自动化等特性，有助于全面升级基于信任的智慧城市应用与服务，实现居民身份认证、公共设施管理、社区服务等方面的去中心化管理和信息共享（Wang et al.，2017；Wang et al.，2016）。

大数据时代，传统城市管理方式正向基于数据流通共享的数据治理与服务创新转变。运用区块链有助于促进多方政府部门达成共识，形成高效协作，优化城市治理。一是构建共享数据基础，按照预先约定的规则同步数据，建立新的数据更新规则，构建了流通共享的数据基础。二是建立协同互信机制，政府各部门通过本地部署区块链节点，实现共享数据的本地化验证，对数据来源和真实性进行确定，上链信息并不涉及原始的完整数据，从技术角度实现不依赖第三方的数据共享互信（中国信息通信研究院，2019）。

基于区块链数据共享机制，可在金融创新、政务公开、产权登记、协同治理等领域开展应用。例如：瑞士联合信贷银行和 IBM 合作推出了"智慧城市管理平台"，利用区块链技术实现了公共设施、道路交通、物流运输等领域的实时监控和数据分析；爱沙尼亚政府采用区块链技术实现了国土资源登记和管理，实现了全国土地权属的去中心化记录和管理；南京市打造了区块链政务数据共享平台；雄安新区、贵州省等也提出利用区块链技术建设资金管理平台。区块链技术还可以用于构建城市基础设施、物流配送等方面的数字化管理平台，实现城市管理和服务的高效协同和信息共享。例如，中国南方电网公司利用区块链技术实现了城市用电的智能化管理，提高了用电效率和供电质量。在环境保护领域，区块链可用于实现环境监测、污染治理等方面的数字化管理和信息共享。例如，美国洛杉矶市政府利用区块链技术实现了城市空气质量监测，提高了城市环境的治理效率和质量。

传统智慧城市建设只关注城市内在系统发展，逐渐出现上下级系统难对接、横向数据资源无法打通等问题。新型智慧城市建设，不仅要求城市内部系统、数据资源实现整合，而且需要实现与国家、省级管理部门协同配合，需要在城市层面打通条块系统和信息资源壁垒，聚焦设施互联、资源共享、系统互通，实现垂直型"条"与水平型"块"互融互通、协同运作、共同推进城市层面智慧化建设（中国信息通信研究院，2019）。结合区块链技术，城市信息基础设施将不断提升智能化水平。在信息基础设施方面，随着物联网的普及，城市中部署的终端设备数量将呈现爆炸式增长，传统的中心化系统面临严重的性能瓶颈和安全风险。将区块链与城市感知网结合，可以在确保安全的前提下构建分布式物联网，大大提升城市物联网设备之间的通信效率和可信水平。利用区块链技术，可以探索在信息基础设施、智慧交通、能源电力等领域实现赋能，提升城市管理的智能化、精准化水平。区块链有望打破原有数据流通共享壁垒，提供高质量数据共享保障，提升数据管控能力，提高数据安全保护能力。

2. 人工智能技术

人工智能（artificial intelligence，AI）是研究用于模拟、延伸和扩展人类智能的理论、方法、技术及应用系统的一门新的技术科学。在人居环境领域，人工智能技术的发展和应用正在发挥重要作用，以提高人们的生活质量、提高资源利用效率和环境可持续性。

人居环境领域的人工智能技术在早期主要集中在数据收集和分析方面，通过传感器和监测设备收集环境数据，并利用机器学习算法对数据进行分析，以了解和评估环境状况。随着计算机技术的进步、数据量的增加和算法的改进，人工智能开始能够预测和优化人居环境中的各种因素，如可以预测人口增长趋势、交通拥堵状况、能源需求等，从而帮助制定更有效的城市发展策略。当前的发展趋势是数据驱动和综合应用。人工智能技术借助大数据、云计算和物联网等技术，实现数据的跨域整合和综合应用。通过整合不同来源的数据，并应用机器学习和深度学习算法，人工智能可以提供更准确、实时的人居环境分析和决策支持。国土空间规划中的人工智能技术主要涉及对包含语义的时空大数据的建模、处理和分析。针对规划过程的人工智能技术运用，大致可以包括时空模式识别、空间交互分析、时空复杂系统分析、时空推断、时空运筹和优化等内容，人工智能方法，包括机器学习、深度学习、强化学习、迁徙学习等，可对上述各类分析提供直接支撑，从而将"数据"转化为"知识"，支撑国土空间规划各阶段、各层次、各专项的调研、编制、实施、监测和反馈。截至目前，人工智能技术在城市规划方面的应用，主要集中于对城市生长规律和城市空间规律的机器学习（machine learning）和深度学习（deep learning），决策支持模块广泛采用国际上提出的元胞自动机（cellular automata，CA）和多智能体等经典算法内核。随着我国计算及信息产业水平的不断提升，规划设计的信息基础设施支撑环境将实现从单机或局域网水平向高性能云计算平台的升级，进而实现从单一专门化简单支持模型向机器学习等高智能 AI 技术支撑的跃升。

3. 数字孪生技术

"数字孪生"（digital twin）最早从工业生产领域产生，是指构建与物理实体完全对应的数字化对象的技术、过程和方法，并使用模拟、机器学习和推理来帮助决策。这一概念包括三个主要部分：物理空间的实体、虚拟空间的数字模型、物理实体和虚拟模型之间的数据和信息交互系统。

数字孪生技术利用信息技术、物联网、人工智能等多个领域的技术手段，将现实世界与数字世界相连接。数字孪生的发展历程可以追溯到20世纪60年代的计算机模拟，随着计算能力、数据采集和传感技术的进步以及人工智能和云计算

智慧人居规划治理创新：理论、方法与实践

的兴起，数字孪生技术得到了更广泛的应用和发展。随着大数据、AI、区块链等技术进入大规模应用，行业知识图谱、行业算法与空间分析计算开始融合，GIS、IoT（internet of things，物联网）、BIM（building information modeling，建筑信息模型）、AI、VR（virtual reality，虚拟现实）/AR（augmented reality，增强现实）等领域企业纷纷开展合作，并参与到城市大脑、数字孪生城市、数字孪生流域建设中来，构建全时空、全要素、全能力的数字孪生空间成为可能。近几年，元宇宙概念兴起、AR/VR 发展提速，加速推动数字空间与现实空间深度融合，数字空间赋能现实空间运行，数字孪生进入大集成大融合新阶段（中国信息通信研究院，2023）（图 1-8）。

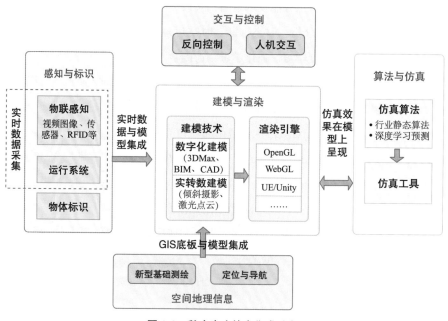

图 1-8　数字孪生技术集成融合

来源：本章参考文献（陈才，2022）

在人居环境领域，数字孪生具有重要的影响，可以应用于建筑设计、城市规划、交通管理、环境监测等方面。

在建筑设计和管理方面，数字孪生技术可以帮助室内设计师模拟不同室内布局和家具摆放方式的效果，以满足用户的需求和提供更好的用户体验；还可以应用于建筑物的能源管理和优化，通过将建筑的物理特征和能源系统与数字孪生

14

模型相连接，可以实时监测建筑的能源消耗情况，并进行模拟和优化；通过将建筑的传感器数据和维护记录与数字孪生模型相连接，可以实时监测建筑的状态和性能，并进行预测性维护，有助于提高建筑的可靠性和维护效率，减少停机时间和维修成本。

在城市规划方面，数字孪生城市（digital twins city）是利用 AIoT（artificial intelligence & Internet of things，人工智能物联网）、大数据等新一代信息技术，将物理世界进行数字化映射，通过构建城市物理世界及网络虚拟空间——对应、相互映射、协同交互的复杂系统，在网络空间再造一个与之匹配、对应的孪生城市，实现城市全要素数字化和虚拟化、城市状态实时化和可视化、城市管理决策协同化和智能化，形成物理维度上的实体世界和信息维度上的虚拟世界同生共存、虚实交融的城市发展新格局（周瑜 等，2018）。通过数字孪生技术，可以在虚拟环境中创建建筑模型和城市模型，进行仿真和测试，帮助规划师模拟和评估不同设计方案的效果，并可以实时模拟和预测城市的交通流量、能源消耗、环境质量等情况，从而帮助规划者和决策者制定更有效的政策和措施。此外，数字孪生还可以用于灾害管理和应急响应，通过模拟灾害情景和预测影响，提前制定救援和防护策略。从全球案例来看，公共服务 / 管理、社区发展、智能建筑的应用在全球数字孪生城市应用案例中的占比位列前三（图 1-9）。在中国案例实践中，智慧交通、智慧社区占比分别达到 54% 和 31%（陈才，2022）。

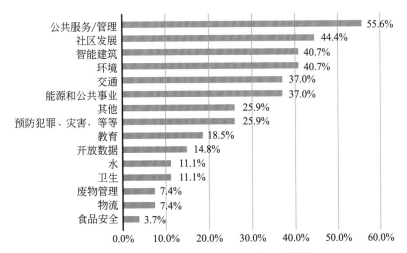

图 1-9 全球数字孪生城市案例中应用占比情况

来源：作者根据本章参考文献（陈才，2022）改绘

我国地方政府也积极出台数字孪生城市政策，加速数字孪生城市场景建设与产业布局。贵阳、南京、福州等城市均出台了以数字孪生城市为导向推进新型智慧城市建设的文件。上海临港新片区数字孪生城建设行动方案（2022—2025 年）面向开发者提供约 1km² 待开发区域时空底板。苏州工业园区率先推进数字孪生创新坊，联合业界生态企业集中联合攻坚，积极探索构建城市级数字孪生体以及数字孪生底座平台，打造面向行业第三方服务的数字孪生公共服务平台。雄安新区依托 CIM（city information modeling，城市信息模型）平台建设成果，积极打造数字孪生城市。浙江省宁波市开展数字孪生第二批试点工作，征集了三江流域数字孪生监测等 41 个数字孪生应用场景，推进数字孪生应用建设（中国信息通信研究院，2019）。

总之，数字孪生作为一种智能化技术，对人居环境领域具有重要的影响。它可以提供更准确的数据和模拟结果，帮助决策者做出更明智的决策，提高城市的可持续性和生活质量。随着技术的不断发展，数字孪生在人居环境领域的应用将进一步扩展和深化。

三、智慧人居环境国内外研究进展与实践

（一）国际智慧人居环境研究进展与实践

目前，全球多数发达国家都已制订了智慧城市相关的长期城市发展规划与科技研发计划。美国率先于 1991 年提出了建设国家信息基础设施（national information infrastructure，NII）和全球信息基础设施（global information infrastructure，GII）的设想。1993 年 9 月 15 日，美国国家信息基础设施任务组正式发布《国家信息基础设施：行动计划》，明确建设任务范围包括设备建设（数据传输、存储、处理、显示的硬件设备）、数据建设（信息资源与数据库）、服务建设（应用软件、信息服务）、标准建设（网络与数据传输标准）、人力资源（人才与技能培训）五大方面（曹津生，1995）。在此之后十余年的信息基础设施建设为美国在 21 世纪初的智慧人居探索打下了必要的基础。

2008年，IBM宣布了"智慧城市"（smarter cities）的愿景，并在次年与迪比克市（Dubuque City）共同宣布建设美国的第一个"智慧城市"项目，重点关注当地的建筑能源效率与城市水务智慧化管理（图1-10）。随后在2010—2015年，IBM、思科（Cisco）、微软（Microsoft）、谷歌（Google）等美国本土科技企业不断进入智慧城市领域，为解决城市问题带来了新的技术应用和解决方案。在智慧城市产业市场蓬勃发展的同时，对于智慧人居的科学探索亦受到了美国联邦、各州与大城市的政府机构和科研单位的重视。2016年，美国国家自然基金会（National Science Foundation，NSF）首次提出"智联社区"科研计划，关注社区尺度的数字化与智能化建设。以美国纽约市为例，当地开展了一项称为"量化社区"（quantified community）的长期社区信息学研究计划，一起构建一个由完善的社区传感设备组成的城市网络，用于观测、收集和分析有关环境条件以及居民活动行为的数据（Kontokosta，2016）。量化社区是城市规模的信息与通信技术（information and communications technology，ICT）计划和量化运动的混合体，旨在通过信息收集、分析、基准测试等其他反馈改善自身问题，其重点在于收集关键准确的数据，而数据的筛选应由社区需求及群众反馈为主导。此外，该市还通过在交通系统中布置物联网系统，将传感器实时数据与城市空间数据相融合，开发了实时交通安全分析的可视化智能平台。

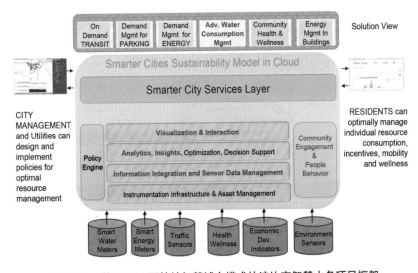

图1-10　基于IBM可持续智慧城市模式的迪比克智慧水务项目框架

来源：IBM Research (2011). City of Dubuque Smart Water Pilot Study Report.

相较于美国智慧城市的高度市场化发展，欧洲国家的智慧城市发展较着重于顶层规划与总体战略制定。2010 年，欧盟制定了"欧洲 2020 战略"并将"数字战略"定为七大行动之一。在 2007—2013 年短短的六年间，欧盟为信息和通信技术研发所投入的资金已高达约 20 亿欧元。在 2021 年发布的《2030 数字指南针：欧洲数字十年之路》报告中，欧盟更进一步明确制定了未来十年的数字化目标，着力推进"信息社会"计划。在欧盟之外，英国提出了"未来城市计划"项目，对 2040—2065 年的未来城市发展进行预测，不仅规划了如何使用信息技术提升城市功能、解决城市问题，而且强调良好的城市治理、有权力的城市领导人、"智慧的公民"和投资者与正确的技术平台相结合（The UK Goverment Office for Science，2016）（图 1-11）。整体而言，未来城市计划所构想的城市系

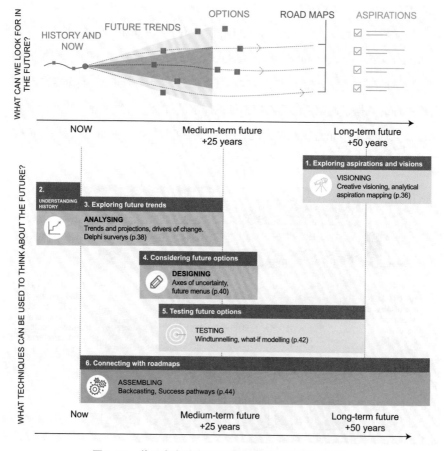

图 1-11　英国未来城市计划所提出的未来城市工作流

作者根据以下资料改绘：Future of cities: foresight for cities [R]. the UK Government Office for Science, 2016.

统涵盖了人居、经济、生态、城市形态、基础设施和城市治理六个层面。该计划提倡，城市规划应遵循以人为本的理念，融汇人类学、社会学、政治学等多学科领域知识，探索未来城市人居生活形态以及面向未来的人居科学知识体系。该项探讨科技对未来服务系统和服务方式的影响及机器人取代人工后的新型劳动形式，也提倡通过政策改革，增强社会凝聚力，加快城市住宅建设速度以解决住房与社会分层问题。

在亚洲国家方面，日本于 2009 年制定了"i-Japan（智慧日本）战略 2015"，旨在将数字信息技术融入生产生活的每个角落，目前将目标聚焦在电子化政府治理、医疗健康信息服务、教育与人才培育等三大公共事业。2016 年，日本内阁会议通过第五期科技基本计划，首次提出超智能社会"社会 5.0"的概念。而在未来人居建设实践方面，日本汽车企业丰田集团启动了名为"编织城市"（Woven City）的未来城市开发项目。该项目总占地面积约为 70hm^2，开发第一阶段计划为约 2 000 人提供居住空间。该项目的规划设计充分结合了多项新型技术的运用，旨在重点实现未来基础设施与建筑能源清洁化、未来人居环境智能化、未来社区生活人本化的未来城市建设三大目标（图 1-12）。

图 1-12　日本丰田编织城市所关注的 12 种智慧人居应用场景

来源：Toyota Woven City | TOP | What is Woven City (woven-city.global) [Z].https://www.woven-city.global/.

　　韩国在 ICT 技术产业以及信息技术普及度方面具有优势，因此基于此提出了《第三次智慧城市综合规划（2019—2023）》，期望在第四次工业革命下，通过信息技术提升城市居民生活质量、增强城市可持续性、形成新产业的平台（图 1-13）。韩国基于自身发展需求，提出了发展智慧城市的四个主要策略，分别是：①国家层面的智慧城市试点项目；②智慧城市信息平台搭建；③治理模式创新试验示范推广；④全球智慧城市合作网络构建。

图 1-13　韩国以智慧技术结合智慧市民的智慧人居发展核心理念

来源：Korean Smart Cities [R]. Korea Ministry of Land, Infrastructure and Transport.

　　新加坡早在 2014 年就启动了"智慧国家"倡议，以借助大规模应用数据和信息与通信技术（ICT）解决复杂的城市政策问题，并探索与这些技术解决方案相关的潜在新兴产业（Smart Nation and Digital Government Office，2018）。该倡议的成功启动源于新加坡在技术、信息基础设施方面的早期投资，以及早期旨在公共服务和电子政务数字化的努力。与仅关注通过数字技术和平台提高公共服务效率的电子政务计划不同，智慧国家倡议代表了一个完整的"数字化转型"，关注交通、教育、金融、卫生医疗和城市解决方案五个关键领域，涉及全国范围内和整个政府的数字化城市生活的各个方面，包括与行业和社会伙伴的合作。在社区尺度，新加坡进一步提出结合智慧楼宇、智慧交通与个人智慧化可穿戴设备的未来人居场景，通过打通城市多个系统和应用场景以提供更加健康、安全和适老的智慧生活（图 1-14）。

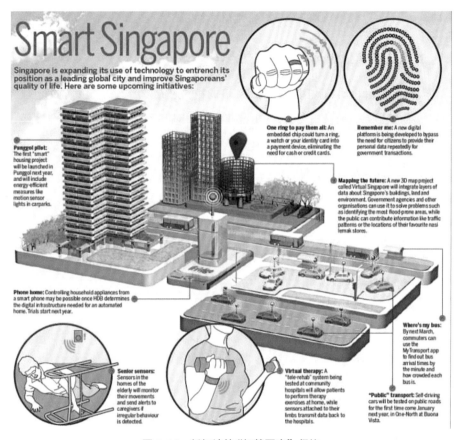

图 1-14　新加坡的"智慧国家"倡议

来源：AU-YONG R. Vision of a smart nation is to make life better: PM Lee [N]. The Straits Times, 2014.

总体而言，全球多个城市在 2010 年后开展了智慧人居、未来社区、智慧城市等方面的科研试验与实践探索。随着传感器、大数据、人工智能、数字孪生等技术的推广应用，城市建设逐渐走向信息数据化的"智慧城市"。除了智慧城市的国家战略与城市尺度的发展规划之外，诸多国家和城市亦通过建设智慧社区的方式，即将个别社区作为"试验场"（testing-bed）以探索多种新技术的应用落地和人居影响。社区的尺度在降低分析的复杂性和空间维度的同时，还能提高本地居民在问题识别、数据分析及解决方案的参与度。与此同时，单靠科技建设并不能有效地在政策、社会资源分配和应用等方面带来显著的影响，社会科学的指引及社区人民参与提供的实际需求反馈才是未来智慧人居发展的必要条件。

（二）我国智慧人居环境研究进展与实践

1. 我国智慧人居环境的研究热点与趋势

与国际前沿相比，我国智慧人居环境的相关研究发展迅猛。以具有代表性的智慧城市领域为例，基于 2010—2019 年中国知网数据的相关文献（黄沣爵 等，2020）统计（图 1-15、图 1-16），国内学术界对智慧城市领域的研究始于 2010 年，

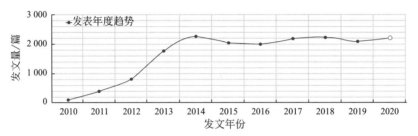

图 1-15　国内相关期刊智慧城市领域发文总量

来源：根据本章参考文献（黄沣爵 等，2020）改绘

被引用强度最高突现词TOP20

关键词 Keywords	强度 Strength	出现年份 Begin	结束年份 End	2010—2019
大数据	52.026 7	2017	2019	
新型智慧城市	32.507 3	2017	2019	
城市信息化	23.282 9	2011	2013	
惠民	23.355 6	2015	2016	
数字城市	21.086 3	2011	2014	
互联网+	19.756 2	2016	2017	
创新	19.621 8	2015	2016	
政务服务	18.308 1	2017	2019	
大数据技术	16.730 1	2017	2019	
城市治理	16.387 9	2017	2019	
智慧路灯	16.387 9	2017	2019	
信息消费	15.884 4	2013	2014	
智慧地球	15.485 0	2010	2014	
大数据产业	15.343 4	2016	2017	
一带一路	14.993 8	2017	2019	
发展	14.712 6			
联通	14.632 4	2011	2014	
视频监控	14.311 3	2016	2019	
三网融合	14.272 5	2010	2013	
移动互联网	14.219 7	2012	2015	

图 1-16　国内智慧城市相关论文突现词

来源：本章参考文献（黄沣爵 等，2020）

随后呈现逐年上升态势，直到 2014 年后趋于稳定；在研究热点和突现词（burst word，即某个关键词变量在短期内出现了较大的变化）分析上可以看出，大数据与新型智慧城市从 2017 年开始成为热点并保持强势，政务服务、大数据技术与城市治理等也持续提升影响力（黄洋爵 等，2020）。

而在数字孪生领域，根据中国信息通信研究院的整理，基于 Web of science 核心合集（选取范围包括 SCI-Expanded、CPCI-S 和 ESCI 数据库）检索 2010—2021 年关于数字孪生的学术论文（截至 2021 年 12 月 31 日）可知，2021 年全球发表的数字孪生相关文章数量我国居首（陈才，2022）（图 1-17，图 1-18）。这都显示出我国在数字孪生领域的研究优势。

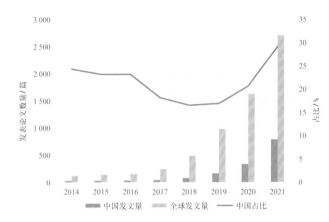

图 1-17　全球 / 全国数字孪生论文发布趋势情况

来源：根据本章参考文献（陈才，2022）改绘

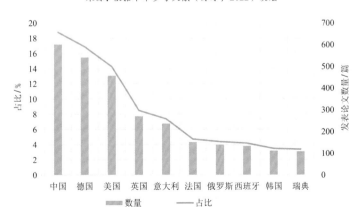

图 1-18　各国数字孪生领域发表论文数量

来源：根据本章参考文献（陈才，2022）改绘

2. 我国智慧人居环境的相关研究与实践

（1）我国智慧人居环境的相关研究与实践概况

近年来，我国政府持续支持智慧人居环境建设。2014年，《国家新型城镇化规划（2014—2020年）》正式提出推进智慧城市建设。目前，国家层面已推出十余份政策性文件及相关领域的发展规划、技术指南、指标体系等，聚焦基础设施、城市管理、民生服务、智慧交通、电子政务、城市信息平台等领域。同时，信息化技术在空间治理与人居环境领域也得以长足发展。基于基础地理信息平台、国土空间规划"一张图"实施监督信息系统等，自然资源部搭建的国土空间时空基础设施初具雏形。"十四五"期间新提出的空天地一体化网络、三维"一张图"、实景三维、实时城市体检、数字孪生城市等将会进一步加速人居环境的信息化、智能化、智慧化（智慧人居创新中心团队，2023）。

（2）我国智慧人居环境的研究进展与实践案例

我国智慧人居环境的研究和实践应用主要体现在城市数据的智能化分析和利用、智能交通和智能物流、智慧能源、智慧环境、智慧建筑，以及在公共服务上的应用等方面。通过整合先进技术、数据分析和智能化服务，国内城市的人居环境正朝着更智慧、绿色、便利的方向发展，为居民提供更好的生活环境和公共服务。

在数据智能与大数据分析上，我国的智慧人居环境研究与实践越来越关注如何利用大数据和人工智能技术来实现城市数据的智能化分析和利用。基于数据收集和存储、数据挖掘和分析、数据可视化等方面的技术和方法，通过对城市数据的深度分析，可以提取有价值的信息，支持城市决策制定和智能化管理。例如，2017年以来，雄安新区基于建筑信息模型（BIM）、地理信息系统（GIS）、物联网（IoT）、区块链等技术联动创新研发，首次在我国探索数字孪生城市建设，搭建规划、建设、管理全生命周期平台，建立城市数字资产管理系统，支撑绿色创新城市建设（图1-19）。2020年以来，上海全面推进基于"一网统管"与"一网通办"的管理数字化转型，探索数字孪生城市建设，推进人民城市建设的创新实践区、城市数字化转型的示范区建设等，从而更好地了解城市运行状况，优化城市规划和管理；在此背景下，上海的数字孪生城市平台利用3D建模、虚拟现实

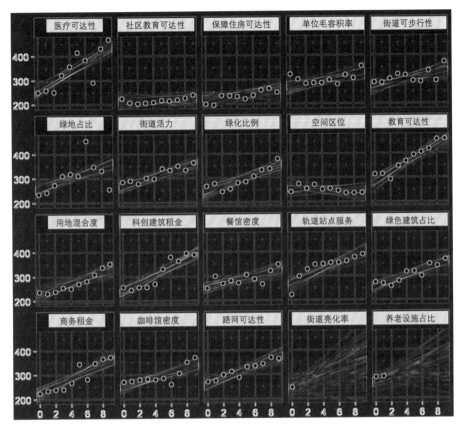

图 1-19　雄安科学园区设计指标的识别

来源：本章参考文献（杨保军 等，2022）

和大数据技术构建城市模型，可以模拟城市发展和规划的不同场景，为政府决策提供数据支持和预测分析。深圳也在这方面做出了积极探索，2017 年深圳以完善基础数据为切入点，以空间位置为纽带，集成三维空间数据，打造了具备高精度位置服务、自然资源和地理信息动态监测、空间智能分析及优化等先进能力的可视化城市空间数字平台。

我国的智慧人居环境研究与实践越来越关注智能交通和智能物流领域的创新。基于传感器、智能监控和通信技术，可实现交通流量监测、交通信号优化、智能导航等智能交通系统的研究和应用，同时利用智能技术优化物流运输、提升物流效率和可持续性。例如，北京采用智慧交通系统来优化交通流动和管理，利用先进的交通管理技术和大数据分析，提供实时的交通信息、智能的信号控制和路况监测，促进交通拥堵的减少和交通效率的提高，提升人居环境生活品质。

我国的智慧人居环境研究与实践也越来越关注智慧能源、智慧环境和智慧建筑领域的发展。在智慧能源上，基于智能计量、能源监测和节能技术，实现对能源的智能化管理和优化，同时还关注可再生能源的利用、能源网络的智能化调度和能源供需平衡等方面的创新；在智慧环境上，基于传感器和智能控制技术，实现对环境质量、垃圾处理、污水处理等方面的监测和管理；在智慧建筑上，通过建筑能效优化、智能家居系统、室内环境智能调节等方面开展创新。如深圳国际低碳城利用智能科技和可再生能源，实现了低碳、智能化的城市规划和建设，通过智慧能源、智慧环境和智慧建筑上的措施减少碳排放、提高能源利用效率，为居民创造更智慧、便捷的人居环境。

我国智慧人居环境研究与实践也正积极探索智慧技术在公共服务上的研究和应用，特别是智慧社区的发展，希望通过智能化的社区管理和服务提升居民的生活便利性和人居环境生活品质。例如：融创智慧社区通过整合物联网技术、人工智能和大数据分析，实现智能安防、智能家居、智能停车、智能社区服务等功能，居民可以通过手机 App 管理社区内的各种服务和设施；京东智慧社区利用物联网技术和京东的电商平台，为社区居民提供便捷的生活服务，如快递配送、家政服务、在线购物等，社区也部署智能安防系统和智能能源管理系统，提升居民的生活质量和安全性；阿里智慧社区通过整合电商、支付、物流等，提供包括智能安防、智能家居、智能停车等功能，提升社区居民的生活品质和便利性；华润置地在全国多个智慧社区的内部部署物联网设备，实现了智能化的停车管理、环境监测、安防监控等功能，居民可以通过手机 App 进行社区服务预约、设备控制等操作。

（三）智慧人居环境国内外研究的评述

国内外智慧人居环境方面的技术研发因技术基础、国情、制度、需求的差异而呈现不同的研究侧重。国际企业目前在核心技术和产品方面仍占有优势，尤其是在芯片硬件（英特尔）、BIM（Autodesk、Bentley、ArchiCAD）、GIS（ESRI、QGIS）、机器学习算法（Google TensorFlow）、PaaS 核心构架（Cloud Foundry、

Docker）等方面拥有较大的市场和用户群。国外研发的侧重点包括：资源利用智能化调配，例如城市运维系统架构、动态调度优化、可再生能源系统与传统基础设施整合等技术；空间动态监测与数据驱动支持决策，例如基于移动传感器的实时感知、利用历史与实时数据的时空动态预测模型；面向用户个体的数据产品开发，例如众包形式的公众参与、用户信息反馈模式、基于城市开放数据的移动客户端等。

相较于发达国家，我国智慧城市研究起步虽晚，却有新型城镇化与社会数字化协同发展的历史机遇以及"数字化—网络化—智能化"融合开发的契机；近年来，我国不断拓展自主创新研发，尤其是在 5G、北斗卫星导航系统、人工智能、移动互联网、数字经济等领域已初步形成相对独立完善的技术体系（智慧人居创新中心团队，2023）。与此同时，我国多个城市群快速发展和新型城镇化建设为新信息技术产品应用提供了巨大的市场需求。鉴于此，我国智慧城市和空间治理研究主要侧重大数据精细化治理平台建设，例如多规合一的国土空间规划 CIM平台、城市国土空间信息的监测评估与预警；智慧城市规范与技术标准制定，包括智慧城市指标评价体系、信息共享机制、技术伦理与数据的确权界定等；新信息技术支持的智慧人居，例如整合 5G、云计算、人工智能、"互联网+"技术的智能运维体系、基于公共数据的电子政务、移动客户端的便民服务和数字经济等。

同时，相较于发达国家，我国智慧人居环境的研究与实践也面临不同的国情差异。我国智慧城市建设背景主要是基于现状城市人口增长与承载能力不协调、政府公共管理与公众需求之间的显著矛盾（武琪，2013），因此侧重于解决城市化和发展挑战，提高城市运行的效率和人居环境品质。此外，基于以人为本的理念，在面向人居环境问题的挑战中，我国智慧人居环境建设也体现出基础设施建设和应用创新并重的特点：在基础设施建设方面投入了大量资源，包括建设智能交通系统、智能电网、物联网基础设施等；同时，也鼓励应用创新，推动智慧城市在城市管理、公共服务、社区生活等方面的创新应用。

另外，相较于西方普遍的"小政府"，我国的"大政府"行政管理模式往往更致力于推动自上而下的智慧人居环境实践，体现出大规模部署和快速推进的特点。通过国家层面的政策支持和资金投入，我国在短时间内建设了许多智慧城市示范区和项目，推动了智慧人居环境的快速建设。同时，在体制优势下，我国智慧人居环境的数据驱动和人工智能应用的趋势日益明显，通过对城市数据的实时采集、处理和分析，支持政府政策制定、空间资源配置和城市公共服务。

（四）智慧人居发展技术方向与未来前沿

智慧城市与空间治理的研究进展与未来前沿主要体现在基础技术多重融合、解决方案互联互通、数智支撑综合治理三个层面。

1. 基础技术多重融合

在基础技术层面，相关研究关注智能基础设施、数据计算、智能感知系统技术、信息可视化、人机交互、决策支持等领域。研究进展包括未来通过轻型通信基础设施减少城市碳排（Stolfi et al.，2013）、空间数据智能采集（Mohammed et al.，2014）、传感器结合卫星定位的动态感知（O'Keeffe et al.，2019）、利用数字孪生技术进行未来城市发展空间推演（Nochta et al.，2021）等。未来研究着重探索多源多维数据融合技术、复杂开放系统运维技术、智能人机交互技术、数据信息安全技术等方面。

2. 解决方案互联互通

在解决方案层面，相关研究关注动态智能监测、运维系统优化、政务数字治理等。研究进展包括：美国微软 Azure 云结合 IoT Edge Virtual Kubelet 开源项目打造"云—边—端"（云数据平台、边缘计算、物联网终端）协同的一体化架构；美国谷歌 TensorFlow 深度学习开源框架以及在此基础上开发的应用产品和物联网智慧社区；德国西门子开发的 Mindsphere City Graph 数字孪生城市图谱平台等。未来研究着重技术—方案—应用的互联互通、复杂系统自感知—自学习—自优化过程、用户参与体验模式创新、算法与信息安全提升等方面。

3. 数智支撑综合治理

在治理应用层面，相关研究进展主要体现数智（数字化、智能化）技术不断支撑在可持续发展、碳中和、韧性提升、应急管理、智慧人居等方面的综合治理实践创新。具体实例包括城市建筑能效管理决策支持（美国纽约）、街道与建筑数字化（法国巴黎）、车辆收费信息智能化（瑞典斯德哥尔摩）、公共参与数字社区平台（荷兰阿姆斯特丹）、城市大脑（中国杭州）、数字城市与现实城市同步规划建设（中国雄安）等。未来研究关注"多规合一"的综合空间治理、人居系统实时动态感知、公众参与规划管理创新、跨域数据共享决策支持等方面。

智慧人居发展技术方向与未来前沿趋势主要体现在以下几方面。

① "互联网+"技术应用的深度融合：随着新一代信息技术产品普及化，市场需求将更加多样化和人性化。

② 智能开源软件框架的持续推广：包括谷歌的 TensorFlow、亚马逊的 MXNet、腾讯的 ncnn 等开源框架将更广泛地应用到不同的智能系统和技术开发中。

③ 智慧科技与绿色科技的整合研发：信息智能技术将与绿色生态技术进一步整合，以应对气候变化和可持续发展等全球议题。

④ 多元共治的智慧运维模式探索：空间治理信息智能化将从初期基础设施建设发展形成市场化的产品和用户参与，并逐步探索未来由政府—企业—用户多元共建共治的智慧运维模式。

⑤ 面向未来的空间治理理论创新：随着智慧城市落地和智能技术应用的不断推广与完善，亟需面向未来的空间治理与人居理论进一步指导科技研发和治理实践。综上，未来趋势可概括为技术深度融合、构架开源共享、绿色智慧研发、多元共治运维、空间理论创新。

四、我国智慧人居环境规划建设的现状与挑战

据不完全统计，近年来全国提出智慧城市规划的城市超过 500 个，虽然在智慧人居领域做出了有益的尝试，促进了信息技术产业的发展，但仍存在一系列问题和挑战，主要表现在以下三方面。

（一）条块分割的信息孤岛现象突出

在某一计算机应用系统中，各部门、各环节、各模块、各流程之间存在功能关联互助不足、信息共享互换不畅以及数据信息与业务应用相互脱节的现象，

即"信息孤岛"，这一概念最初源于供应链管理与 B2B 电子商务等领域（鲁澍，2022）。随着技术革新与进步，"信息孤岛"现象同样呈现出渐进的阶段性，即不仅出现在早期的互联网信息技术推广应用中，也出现在当下大数据领域飞速发展时代下相关互联网企业的 IT 应用等平台推广中。

辜胜阻等（2013）明确指出，智慧城市建设的核心是整合资源。"智慧城市"理念的重要推动者 IBM 公司将"智慧城市"描述为"有意识地、主动地驾驭城市化这一趋势，运用先进的信息和通信技术，将人、商业、运输、通信、水和能源等城市运行的各个核心系统整合起来，从而使整个城市作为一个宏大的'系统之系统'"（IBM，2011）。由此可见，智慧城市的建设目标恰恰是打破"信息孤岛"。然而，纵观当前智慧城市的建设过程，特别是在资源整合阶段，依然存在着较大的"信息孤岛"障碍，主要体现在下列三个方面：

① 在技术层面，由于智慧城市建设工程覆盖面广、领域众多，不同实施主体之间仍缺乏统一的行业标准、建设标准和评估标准等，难以进行有效的约束和指导，而不同系统之间接口复杂，也给信息的互联互通和共享协同带来了一定阻碍，即尽管可以实现信息技术的"智慧化"，但传递互动过程中的难题尚未得到有效解决，存在形成"智能孤岛"的可能（蒋建科，2012）。

② 在建设层面，我国众多城市的各个部门在长期的信息化应用中虽积累了海量的数据和信息，并应用于智慧城市的实践探索，但因为各系统独立建设、条块分割，缺乏科学有效的信息共享机制，这些条块化、孤岛式数据往往分布在各个部门，普遍没有实现真正的互联互通、信息共享与业务集成，形成了一个个智慧城市基础数据库的"信息化孤岛"，不仅导致 IT 资源重复建设，也降低了城市的运行效率，严重影响了用户体验。例如在政务管理层面的基本公共服务（教育、医疗、养老）和人力资源与社会保障等信息化系统之间联通程度不足（邹斌文 等，2017），在规划建设层面的交通、水利、农业、自然资源、生态环保等多部门之间存在信息壁垒等。

③ 在管理层面，城市智能部门横向协同困难，行政分割、管理分治甚至各自为政的现象普遍存在，相关政务服务信息的采集、发布、公开和共享制度不健全，导致各职能部门只能根据自身方便和自主判断选择性地公开和共享信

息（陈文，2016）。因此，很多信息化往往是在技术上容易解决，但受制于"上面千条线、下面一把刷"的宏观背景，在管理机制体制上难以实现（辜胜阻 等，2013）。

暴发于 2019 年末和 2020 年初的新冠疫情给全球各国带来了前所未有的挑战，在全面抗击疫情的中国行动中，卫生防疫部门应用了"健康码"作为一种信息化防控措施，也属于智慧人居环境规划建设与管理在公共卫生领域的体现。值得注意的是，在全国各地推广应用健康码的过程中，呈现出数据收集条块分割与碎片化的趋势，防疫数据的互联互通未能完全实现，同样暴露出"信息孤岛"问题。除了打破技术壁垒和优化行政管理等方式，该问题的妥善解决还可以从立法的视角切入，其具体路径包括加强平台协同立法制度建设、数据的标准化制度建设和数据共享开放制度建设等（鲁澍，2022），从而更好地应对数据产业背景下的未来特征，助力我国拥抱智慧时代、建设数字中国，充分实现数字化、科学化、可持续发展。

（二）智慧规划与治理的决策支撑体系尚未建构

目前，在国土空间规划编制与管理领域，人为"拍脑袋"决策的现象依然存在。虽然个别发达的城市或地区，在建筑、交通、市政设施等方面初步实现了"一屏观天下"，即能够在一个端口上实现城市治理要素、对象、过程、结果等各类信息的全息全景式呈现，并根据数据做出经验式决策，但对决策过程的辅助性支撑仍然不足。

我国以往的城市基础设施建设都由政府主导，相关职能部门往往倾向于沿袭传统建设思路，不仅强化了既有的"千城一面"格局，也容易形成路径依赖，制约了城市特色文化等"软实力"的提升和创新发展理念，潜地影响了智慧城市的建设，尤其是面临复杂的社会经济问题时，拍脑袋决策的现象仍屡见不鲜。加之部分城市存在"重建设、轻应用，重模仿、轻研发"的倾向，市场导向不够鲜明，技术自主研发能力不足（辜胜阻 等，2013），进一步影响了决策支撑功能的开发。因此，在助力规划治理的科学、有效决策支撑体系建构方面，我国目前还处于摸索状态。

（三）缺少实质性的多方参与治理平台

根据智慧城市的内涵特征与国家治理体系和治理能力现代化的时代要求可知，参与式治理是推进智慧城市建设的重要路径——强调不同的多元利益主体都应该参与到相关的公共决策过程中来，进而提高决策的透明性和公平性，最终通过协商合作的方式实现城市治理效果的最优化（申静文，2020）。城市规划设计，特别是智慧人居环境规划建设，作为社会公共政策的重要组成部分，具有极强的外部性，并与绝大多数利益主体息息相关。因此，建立在多元协作基础上的参与式规划作为一项可行路径，对于推动智慧人居环境规划建设，实现以人为本的智慧城市治理意义重大（姜鹏，2018）。在参与式规划过程中，公众参与和信息反馈被认为是两个不可分割的重要环节，建立完整的"参与—反馈"闭环，并形成主体间双向互动的对话模式至关重要（刘淑妍 等，2019；陈雪莹 等，2021）。崔庆宏等（2018）指出："智慧城市最大的优势便是对现代信息技术的高度应用，在突破传统电子政务和电子治理的基础上，为公众参与规划及治理提供了更丰富的渠道和平台，创新了公众参与的方式方法，进而有助于激发线上线下的集体智慧，使规划更能满足广泛主体的利益需求，以实现政府为民服务的宗旨。"由此可见，参与式规划可以被视为构建智慧人居环境的重要方法，其关键环节在于能否及时、准确、精细地进行信息反馈，这些要点共同促进了智慧城市治理中以人为本理念的实现（施嘉俊 等，2023）。

然而，目前我国智慧人居的建设与空间治理仍表现为政府主导，公众、企业等社会主体的参与感不足。例如在城市更新规划的公众参与中，传统模式尽管采取了问卷、访谈、公示、展览、听证会等多种形式，但也存在着覆盖面窄、人力物力耗费过多，对居民个体行为研究不足等问题，无法满足精细化、现代化的城市治理要求。据此，有必要构建融合政府、居民、企业等多元主体实质性参与的治理平台，促进国家治理体系和治理能力现代化水平的提升。

总体而言，智慧人居环境未来的发展方向，可以逐步尝试从"一屏观天下"向"一网治全城"努力（图1-20）。基于模拟仿真发展数字孪生来实现城市智能治理辅助，并通过在同一平台上对城市治理各类事项进行集成化、模拟化、协同化、智能化的处理来实现智能辅助决策。因此，更需要合理应对上述三大挑战，例如通过技术、建设和管理等复合渠道优化资源整合模式，化解"信息孤岛"难题，构建闭环反馈路径等辅助和加强智慧决策支撑体系，搭建用户友好型的多元参与治理平台，以及在政策法规、制度保障等层面的不断完善等。

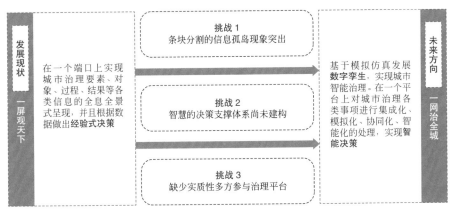

图 1-20　智慧人居环境规划建设的发展方向与主要挑战

来源：作者自绘

五、本书的框架与内容

本书共分为五章。除绪论外，依托智慧人居创新中心的四个研究方向——智慧人居环境的基础理论与方法、人居环境数智化构建、国土空间动态化规划与国土空间数智高效治理展开，以响应国土空间实景三维、国土空间格局优化与国土空间治理领域，助力"高质量发展、高品质生活、高水平治理"的目标实现，如图 1-21 所示。

第一章　绪论

聚焦智慧人居环境与空间规划治理的内涵，系统介绍人居环境领域信息技术应用的历程、国内外智慧人居环境研究的进展及相关实践。针对目前我国人居环境规划建设的现状与面临的挑战，探讨未来智慧人居的发展方向。

第二章　基于复杂性系统的智慧人居环境冰山理论

人居环境是典型的复杂性系统，动态性、开放性、不确定性是其特征。随着信息技术的飞速发展，人居环境领域的智慧工具应用为其系统优化提供了重要

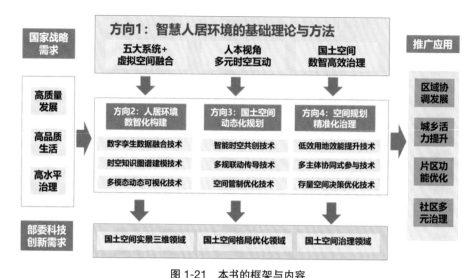

图 1-21　本书的框架与内容

来源：作者自绘（智慧人居创新中心团队，2023）

支撑。针对"信息技术替代专业"的"科学主义"与"信息技术无用论"的"经验主义"倾向，本章从系统科学与系统哲学相结合的视角，在人居环境科学学科的基础上，提出了智慧人居环境的"冰山模型"。首先，回顾复杂性的起源、复杂性科学研究的进展及在各个学科领域的应用，对智慧人居环境复杂性系统进行解构与剖析。在此基础上，就智慧人居环境冰山模型中的智慧化1.0、2.0和3.0版本逻辑进行剖析，探讨了其在空间规划治理体系中的应用，分析了智慧技术在人居环境规划治理中的应用特征与路径。

第三章　人居环境数智化构建

人居环境数智化是智慧人居环境建构的底板与基础，推动现实人居环境五大系统与虚拟环境相互映射交融。本章面向智慧人居环境规划与治理的复杂性与不确定性，从通用性技术角度探讨规划与治理过程对于人居环境感知、认知、决策、行动等方面的数字化与智能化技术支撑，并选择典型案例，对数智化应用场景的实践进行详细介绍。

第四章　人居空间动态化规划

本章立足于国土空间规划工作的出发点，按照"人居需求精准刻画—人居空间问题诊断—人居空间多情景推演"技术路线，基于多维时空需求对人居空间需求进行动态化刻画，基于多要素耦合开展空间问题动态化诊断，并基于多目标模拟开展动态化推演，开展规划编制全流程技术探索，为空间规划提供参考。案例涉及规划情景仿真、重大项目选址模拟等。

第五章　人居空间精准化治理

治理的核心理念包括循证治理、敏捷治理、协同治理和整体治理等。在数字化时代，智能平台的应用不仅能提供数据支持、问题解决、合作互动、全局规划等方面的功能，还可以推动城市向更加智慧、可持续的方向不断迈进。本章以四个典型平台为案例，探讨平台建设与应用介绍、顶层设计、技术特色以及总体展望，期望勾画出人居空间精准化治理的未来方向。

参考文献

曹津生，1995.美国"国家信息基础结构（NII）：行动计划"解析［J］.信息系统工程，（4）：58-62.

陈才，2022.数字孪生城市产业态势与发展展望［R］.北京：自然资源部智慧人居环境与空间规划治理技术创新中心.

陈文，2016.政务服务"信息孤岛"现象的成因与消解［J］.中国行政管理，（7）：10.

陈雪莹，段杰，2021.中英城市更新实践中社区参与的权力结构与制度逻辑［J］.规划师，（5）：82-88.

崔庆宏，刘潇，武丹丹，2018.智慧城市建设的参与式治理模式研究［J］.智能建筑与智慧城市，（11）：78-80.

方卫华，绪宗刚，2022.智慧城市：内涵重构、主要困境及优化思路［J］.东南学术，（2）：84-94.

辜胜阻，杨建武，刘江日，2013.当前我国智慧城市建设中的问题与对策［J］.中国软科学，（1）：6-12.

黄沣爵，杨滔，张晔珵，2020.国内外智慧城市研究热点及趋势（2010—2019年）：基于CiteSpace的图谱量化分析［J］.城市规划学刊，（2）：56-63.

蒋建科，2012.智慧城市建设别陷入更大信息孤岛［N］.人民日报，2012-05-21.

姜鹏，陈立群，倪砼，2018.智慧·城市，基于国际视野下的思考［J］.上海城市规划，（1）：44-50.

鲁澍，2022.健康码信息孤岛问题的立法进路［C］//《上海法学研究》集刊2022年第

1卷——智慧法治学术共同体文集.

刘淑妍，李斯睿，2019. 智慧城市治理：重塑政府公共服务供给模式［J］. 社会科学，（1）：26-34.

申静文，2020. 大数据视角下基层政府服务能力提升研究［J］. 江南论坛，（2）：35-37.

施嘉俊，陈书洁，许亦竣，等，2023. 智慧城市治理视角下参与式规划过程中信息反馈问题研究：以上海市新华路街道社区微更新和英国斯嘉堡小镇复兴为例［J］. 上海城市管理，32（2）：34-43.

杨保军，杨滔，冯振华，等，2022. 数字规划平台：服务未来城市规划设计的新模式［J］. 城市规划，46（9）：7-12.

袁勇，周涛，周傲英，等，2017. 区块链技术：从数据智能到知识自动化［J］. 自动化学报，43（9）：1485-1490.

袁勇，王飞跃，2017. 平行区块链：概念、方法与内涵解析［J］. 自动化学报，43（10）：1703-1712.

武琪，2013. 国内外智慧城市对比［J］. 财经界，（7）：30-31.

中国信息通信研究院，2019. 区块链赋能新型智慧城市白皮书［EB/OL］.（2019-11-08）. http://www.caict.ac.cn/kxyj/qwfb/bps/201911/P020191108377036242433.pdf.

中国信息通信研究院，2023. 数字孪生城市白皮书（2022年）［EB/OL］.（2023-01-11）. http://www.caict.ac.cn/kxyj/qwfb/bps/202301/P020230111662616392246.pdf.

自然资源部智慧人居环境与空间规划治理技术创新中心团队，田莉，杨滔，等，智慧人居环境规划治理的研究方向与应用展望［J］. 城市规划，2023，47（7）：4-11.

周瑜，刘春成，2018. 雄安新区建设数字孪生城市的逻辑与创新［J］. 城市发展研究，25（10）：60-67.

邹斌文，段文周，2017. 我国智慧城市建设面临的问题与对策研究［J］. 智能城市，3（5）：91-92.

IBM，2011. 智慧的城市在中国［EB/OL］. https://www.ibm.com/cn-zh.

KONTOKOSTA C E，2016. The quantified community and neighborhood labs : a framework for computational urban science and civic technology innovation［J］. Journal of Urban Technology，23（4）：67-84.

MOHAMMED F，IDRIES A，2014. MOHAMED N，et al. UAVs for smart cities : opportunities and challenges［Z］. 2014 International Conference on Unmanned Aircraft Systems（ICUAS）. IEEE：267-273.

NOCHTA T，WAN L，SCHOOLING J M，et al，2021. A socio-technical perspective on urban analytics : the case of city-scale digital twins［J］. Journal of Urban Technology，28（1-2）：263-287.

O'KEEFFE K P，ANJOMSHOAA A，STROGATZ S H，et al，2019. Quantifying the sensing power of vehicle fleets［J］. Proceedings of the National Academy of Sciences，

116（26）：12752-7.

Smart Nation and Digital Government Office，2018. Smart nation：the way forward［R］.

STOLFI D H，ALBA E，2013. Reducing gas emissions in smart cities by using the Red Swarm architecture；proceedings of the Advances in Artificial Intelligence［C］//15th Conference of the Spanish Association for Artificial Intelligence，Madrid，Spain，F September 17-20，Springer Berlin Heidelberg：17-20.

SWAIN C，SREENMANS I，2016. Future of UK cities：threee contrasting scenarios［R］. The UK Goverment Office for Science.

WANG F Y，ZHANG J，WEI Q L，et al，2017. PDP：parallel dynamic programming［J］. IEEE/CAA Journal of Automatica Sinica，4（1）：1-5.

WANG X，LI L X，YUAN Y，et al，2016. ACP-based social computing and parallel intelligence: societies 5.0 and beyond［J］. CAAI Transactions on Intelligence Technology，1（4）：377-393.

第二章

基于复杂性系统的
智慧人居环境冰山理论

一、复杂性系统的概念与复杂性科学的演进

（一）复杂性系统研究的起源与发展

复杂性系统研究起源于 20 世纪七八十年代的复杂性科学研究，是系统科学发展的新阶段，有关研究以系统科学中的"老三论（系统论、信息论、控制论）"和自组织理论为基础（范冬萍，2020），尝试超越近代简单研究范式中"还原性""普遍性"等分析局限，实现"认识和处理世界中的复杂性"这一研究目标（Flood，1987）。图 2-1 显示了复杂性系统研究的变迁、研究方法与实践应用，下文将展开介绍。

埃德加·莫兰（Edgar Morin）是最早的复杂性研究学者，他在 1973 年的论著《迷失的范式》一书中提出了复杂性范式的概念，并围绕复杂性系统的范式、方法、实践指引等内容进行了持续长达数十年的研究。莫兰的研究主要从系统哲学的角度展开，尝试厘清复杂性系统中的"有序"与"无序"的关系，并提出了"两重性原则""组织循环原则"等多个复杂性系统的研究原则与分析视角。借由"噪声中的有序"这一隐喻概念，对复杂系统中的"局部无序"与"整体有序"的现象进行了精确的概括，推动了科学认知范式的转向过程（赵佳佳，2021），对后续复杂性科学的研究产生了深远的影响。

与此同时，以物理学家普利高津为代表的布鲁塞尔学派也对复杂性系统进行了深刻的研究，针对"复杂性科学"这一命题提出了著名的"耗散结构理论"。该理论最早以非平衡热力学和物理学为基础，着重分析开放系统不断与外界交换组织能量、远离平衡态的过程，并逐步拓展到广义的非平衡系统自组织的研究中。耗散结构理论对非平衡结构、非线性作用、开放系统和突变等复杂现象进行了分

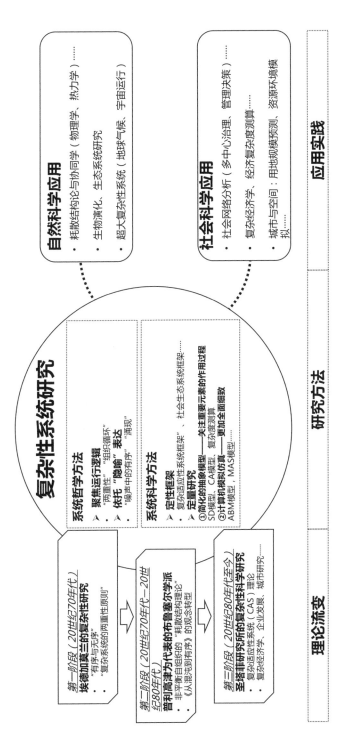

图 2-1 复杂性系统研究的变迁、研究方法与实践应用

来源：作者自绘

析，并在《从混沌到有序》一书中拓展到包括人类自然科学整体发展的史观视角，着重强调科学观和自然观的转型（Prigogine，et al.，1984）。

1984 年，诺贝尔物理学奖获得者盖尔曼（Gellmann）牵头的圣塔菲研究所（Santa Fe Institute，SFI）成立，该中心以复杂性科学研究为中心，将复杂性系统研究推进到一个新阶段。与莫兰、普利高津等人的系统哲学视角不同，SFI 中心从系统科学视角对自然科学、社会文化、技术等不同领域的复杂性问题进行合作研究以分析兼具"简单性和复杂性、规律性和随机性、有序和无序混合"的复杂事件（Gellmann，1997）。SFI 中心将系统中的智能体（active agent）看作复杂性系统研究的主体，将适应性看作复杂性的核心特征，以霍兰提出的复杂适应系统（complex adaptive systems，CAS）研究框架为代表（Holland，1995），研究成果覆盖交通、城市规划、企业管理等诸多领域，推动了包括复杂经济学（Arthur，2013）等一系列复杂性研究的发展。

（二）复杂性系统在多学科、多领域的研究与应用

著名物理学家霍金称 21 世纪为"复杂性科学的世纪"，复杂性系统研究作为一种科学观和研究方法，其影响力不断扩大，并渗透到包括热力学、物理学、化学、气候科学等自然科学和包括社会学、管理学、经济学等社会科学的研究中。

1. 自然科学领域的复杂性研究

自然科学领域的相关研究以耗散结构论和协同学研究为基础。普利高津的耗散结构理论对化学反应中的周期振荡现象进行研究，解释了非平衡状态下的要素如何形成有序结构的过程和机制，并着重分析了与外界不断进行组织能量交换的过程，从科学视角解释了系统演化过程中的自组织性。物理学家哈肯通过对激光现象的分析，创新性地提出了"序参量"的概念，用以解释系统从无序走向有序过程中的非线性的自组织演化过程。

在物理学以外，生物学（尤其是生态学、进化生物学等复杂研究）、神经科学等也是复杂性系统研究的重点。考夫曼（Kauffman）和拉文（Levin）（1987）等建构了自然杀伤模型（natural kill，NK），以探讨崎岖地形中的生物适应性步

行理论，相关的复杂性模型方法已成为宏观进化理论的标准模型。梅（May，1987）将复杂性系统思想用于生态系统稳定性的研究中，并使之成为复杂系统网络研究的先驱性内容。R. Sol'e 和 Goodwin（2002）等人通过物理学、生物学交叉视角，对进化过程中的复杂性进行了全面分析，提出了一些可供参照的分析方程。

国内学者对化学反应中的整体与局部中的复杂性研究问题也开展了相关研究，李静海等（2014；2016）提出了"介尺度科学"（meso-science）的概念，将单元尺度与系统尺度中的中间态定义为介尺度，这一尺度下的研究受到微观单元与宏观系统两套机制的影响，具有非均匀的复杂性系统特征。相关研究通过对化工生产中分子/原子尺度到宏观材料尺度的原理和反应颗粒尺度到单元化设备尺度的原理的实证研究，发现了在这一中间复杂性阶段中主导机制的"竞争—协调"特征，对相关化工生产的效率提升和更广泛框架下的介科学理论提供基础。

除了上述以具体物理学、热力学反应和生物演化过程为代表的复杂性系统研究外，围绕地球气候等超大型系统和跨越宏观—微观的复杂性系统研究也逐渐获得学界的重视。美籍日裔物理学家真锅淑郎、德国气候学家克劳斯·哈塞尔曼（Stouffer, et al., 1999）对地球气候系统进行物理建模，通过对大量气候观测数据的动力及热力学分析，量化而准确地预测了全球气候变暖的过程。意大利科学家乔治·帕里西（Parisi, 1987）以自旋玻璃（一种磁性合金材料）的不稳定状态，以体现在相互作用过程中的无序为基础，逐步建构了一种包含许多不同复杂系统的有序和随机现象的理论，覆盖了从原子到行星的广泛尺度，成为复杂系统理论的重要基石。上述三人也在 2021 年共同获得诺贝尔物理学奖，从中可看出他们对复杂性系统的杰出贡献。

2. 社会科学领域的复杂性研究

复杂性系统理论在社会学、管理学、经济学等社科领域也有较为丰富的应用，以社会结构和社会网络分析、复杂经济学等为代表。

D. J. Watts 等（2003）对社交网络系统进行了复杂性分析，通过大量的数学模型以网格作为分析框架，借用拓扑关系进行动力学分析，以判断社交系统中主体是如何进行个体活动与相互作用的。约翰·米勒（John H. Miller）和斯科特·佩奇（Scott E. Page）将复杂性科学的适应性主体计算模型应用于适应复杂社会系统的动力学行为和管理决策，英国学者杰克逊（Michael C. Jackson）深化了面向管理复杂性的创造性整体理论，以更好地解释管理中的复杂性问题。奥斯特罗姆（Ostrom，2009）提出了多中心治理理论及社会生态系统（social-ecological system，SES）分析框架，框架从资源、治理、参与、行动等维度对公共资源的治理、分配与竞争进行解析，用以分析自主治理过程中复杂的相互作用。

复杂经济学是复杂性系统理论的另一大重要分支，由 SFI 研究所布莱恩·亚瑟（W. Brian Arthur）博士创立，通过构建基于计算机模拟等新方法的复杂数理模型，以解释经济活动中广泛存在的复杂现象（Arthur，2013；2018）。与传统研究相比，复杂经济学理论放弃了传统经济学中均衡和理性的假设，关注个体经济行为中相互作用的过程及其带来的宏观经济系统演化，以智能体（agent）和网络连结的方式对系统互动进行分析，关注"涌现"情况（在古典经济学中常被排除在外），实现对复杂经济学更为准确的描述与分析（Arthur，2021）。复杂经济学研究在复杂适应系统理论的基础上，采用元胞自动机（CA）、动力学建模等方法，意图采用简单的原理实现对复杂系统的仿真。此外，基于信息论的"复杂度"分析也是复杂经济学中的一个较为热门的分支，学者基于矩阵建模，对区域经济发展的"复杂度"进行衡量，并对经济发展潜力等指标进行综合分析，用以对未来发展的重点和产业分布给出建议（Hidalgo，2021）。

（三）复杂性系统研究的方法

复杂性系统的研究方法包含系统哲学与系统科学两个层次，同时，在系统科学层次内部又包括以社会学分析框架为基础的定性分析方法和建构复杂性系统模型的定量分析方法，具体如下：

在系统哲学层次，以埃德加·莫兰、布鲁塞尔学派和霍兰等学者的思辨性分析为主，这一视角重点在于关注复杂性系统的部分特征、理论框架和范式的建构，强调复杂性思维观念的转变。这种研究多聚焦于系统的运行原则和演化逻辑等内容，例如莫兰提出在复杂性系统中存在"两重性原则（整体与局部不同逻辑的对立统一）""组织循环原则（系统中各个主体的运行相互影响，相互作用循环）"等内容。从研究特征上说，这一层次的分析方法具有语言学中"隐喻"分析的特征，即通过生动、准确的类比抽象出分析对象的部分特征，并进行精确的概括与演绎，例如埃德加·莫兰提出的"噪声中的有序"、霍兰提出的"涌现"等概念。

在系统科学层次，研究从定性框架分析、定量模型分析两种思路展开，逐渐演化出多种不同的分支。定性框架分析是对系统哲学分析的进一步深化与完善，例如霍兰提出的"复杂适应性系统"理论框架、诺贝尔经济学奖获得者奥斯特罗姆提出的"社会生态系统"（SES）理论框架等。定性分析框架对复杂性系统的各个主体、相互作用的原则和影响机制等进行整体性分析，充分应用了复杂性系统理论中的"自组织""组织循环"等原则。

定量研究方法包含两个主要的流派，一种是将系统抽象成简化的数学模型框架，另一种是通过计算机模拟仿真的方法对复杂性系统进行解析。前者的分析思路希望通过一个简化的数学模型对系统中的重要元素的运行特征进行分析，虽然无法模拟真实系统中的全部行动，但可以将所研究的重要元素之间的相互关系进行厘清和预测。这类研究以系统动力学（SD）模型、元胞自动机（CA）模型、计算复杂性理论为代表，研究包括生态系统、经济活动、城市空间演变等诸多领域。从研究视角来看，虽然 SD 模型、CA 模型和复杂度测算等方法的技术路线各有不同，SD 模型通过流图进行建模，CA 抽象设置演化的逻辑，复杂度计算将复杂的多项指标进行综合集成，但都是通过抽象复杂的运行逻辑，选取其中重要的判断指标，以实现对复杂性系统的研究性认识。

另一种分析思路则建立在"模拟仿真"的基础上，依托机器学习等计算机建模的形式建构更加全面、逼真的模型，通过细到微小的细节以观察和测量由此产生的涌现行为。这种方法的工具包括蒙特卡罗模拟技术，特别是基于智能体（agent）的建模（ABM，MAS 模型）。随着计算机算力的不断提升，这一分析思路正在受到越来越多研究学者的重视，并有一大批计算机科学家和软件开发人员为复杂系统中复杂的计算研究发明了许多软件工具促进相关研究进展（Hidalgo，2021）。

二、人居环境作为复杂性系统的特征

（一）复杂性系统理论构成现代人居科学的基础

复杂性系统构成现代人居环境科学的基础。从学科定义上说，人居环境科学是"以居住环境为研究对象的学科群"，以包括建筑学、城市规划学、景观学的"广义建筑学"为基础，拓展到包括心理、综合领域社会、交通等人类居住相关的全部学科（吴良镛，2001），是打破传统学科视角下的"单一学科，简单范式"的复杂性转向。具体到在学科框架内部，人居环境科学建立了多层次、多系统的复杂网络，其尺度范围涵盖从建筑单体到全球尺度的五大层次，既关注不同层次内部的运行规律，也将不同层次之间的相互协同影响作为重要的研究对象，旨在各个尺度均尽力追求"人与自然的协调发展"，这正是复杂性系统理论中"多主体、多层次相互作用过程"在城市学科中的体现。除了不同的尺度之间的协同外，人居环境科学的"复杂性"还体现在关注领域的复杂上，将自然、人类、社会、居住和支撑系统五大系统整合分析，超越了传统建筑学科关注物质环境、轻视人文、经济影响的局限性，实现了跨学科、多领域的交叉研究。

在具体的人居环境系统运行过程中，也体现着明确的"复杂性系统"运行特征，构成主体多元、系统结构复杂、作用机制非线性且自组织特征明显。例如政府扩大征地、投入保障性住房建设以解决住房问题，虽然可以在一定程度上缓解住房压力，但实际执行效果还需考虑通勤距离、公共服务设施配套、社区建设质量等诸多维度，并会对周边地区的住房市场、就业、区域发展平衡等产生多样化的复杂作用。因此在实际的建设过程中，不仅要单一考虑"住房供给"这一维度，更要从更大范围内的需求与供给、财政收入、人居环境建设、区域发展平衡等更多维度进行全面分析与比较，才能实现住房改善与人居环境整体健康发展之间的全面协调。

近年来，国内外基于复杂性系统视角下的人居环境研究不断涌现，关注重点既包括基于复杂视角下的城市认识论，也包括交通复杂系统模拟等大量新兴领域的研究出现。国外研究以美国伊利诺伊学派学者 Hopkins 和新城市科学创始人

Michael Batty 的研究为代表，关注城市发展过程中自上而下、自下而上的交互作用过程，强调要理解流动和网络如何塑造城市的过程以认识城市，并将经济学等交叉学科理论纳入城市研究等人居环境科学中（Batty，2018）。在国内，诸多学者也从多元诉求、规划转型等视角对人居环境发展的未来转向进行前瞻式解读，例如外部不确定性带来的多元的规划目标（仇保兴 等，2018）、多元参与主体带来的差异化诉求（田莉 等，2021）等。随着大数据、云计算、通用人工智能等新兴技术的广泛应用，包括数字孪生城市、智慧城市等新型发展模式进一步拓展了人居环境的发展的内涵，人居环境的复杂性特征进一步深化，亟需进一步基于复杂性系统观念进行系统地梳理、规划与引导。

（二）人居环境的复杂性——以城市系统复杂性特征为例

1. 构成要素的复杂性

从系统构成来说，城市复杂性系统包括人、物质环境和社会环境三个部分，既是人类发展活动的客体，是生存和发展过程中的建设与改造对象；也是发展活动的主体，人类自身也是城市复杂系统的重要组成。主体客体性的相互转化，也进一步深化了城市系统中非线性、相互作用的复杂特征。本节将先从治理客体的视角对城市系统的复杂性特征进行分析。

认识城市复杂性系统，需要对城市范畴内所包含的各类要素进行系统化的理解，其复杂性也正体现在各类要素之间相互重叠、相互嵌套、相互影响的过程中。例如，从存在形式的视角来看，城市系统可以包括包含实体的物质系统和非物质系统（也可称为"硬件系统"和"软件系统"），物质系统包括与环境、人和人居环境一切相关的实体存在，而精神系统则是与之对应的概念，泛指诸如社会系统、组织结构、发展计划等非实体存在，但对物质系统的改造和建设产生影响的种类。而如果以人类为主体，则可以将城市划分为人类改造后的建成环境系统、未改造 / 选择保护的自然环境系统和人类社会系统三个组成要素。其中建成环境系统以是人类社会系统对自然环境系统改造的结果，受到自然环境系统的制约和人类系统的主观影响，但同时也会作为反馈影响到人类系统的计划中。可以看到，即使是非常简单概括的"人类—自然—建成环境"城市系统框架，各要素（子系统之间）非线性的相互作用过程也已经具备了复杂系统特征。

将抽象的系统进一步深化后，城市系统构成要素会进一步复杂。例如在建成环境系统中，包括住房、公共服务设施、交通道路、教育科研、文化空间等一系列子系统，这些子系统是建成环境系统的一部分，反映了人类系统的建设需求，但同时也是特定非物质系统（例如特定的社会制度下，会有相应的建设空间）的实体反馈。

另一方面，对于同一栋建筑实体，可能同时承载了包括住房、商业、文化、服务等多样的功能，系统之间呈现出相互、共同存在的"场所"特征，随着时间的演进和城市的发展，特定物质空间所承载的系统作用也可能会相应地演进。例如之前欧洲中世纪时期城市的教堂广场，最初以宗教、政治性功能为主，但逐步演化成人口集聚的商业空间，并在文艺复兴以后进一步开放，到了现代，这些广场则成为城市的文化名片，承载着历史文化（属于文化子系统）和旅游功能（属于经济系统）。这种功能演进的变化，使得单一要素在长期发展的视角下，承载的功能与隶属的系统都不断变化，这一理念也与近年来热门的"全生命周期"规划建设不谋而合。

2. 层次结构的复杂性

城市结构复杂性的另一方面在于其层次结构的复杂性，体现在影响领域、存在尺度两个维度，并由于系统之间的相互叠加耦合，呈现出超越简单叠加的"1+1>2"的复杂性特征。

首先是影响领域视角下的层次结构。如前文所述，在最宏观的视角，可以将城市划分为人类、建成环境和自然环境三个部分，以刻画人类改造的过程。但到了城市发展的具体实践中，上述系统又可不断拆分为更小的子系统，例如政治、经济、文化、人口、环境建设等子系统。这些子系统是宏观系统的内涵展开，具体解释了宏观系统内部城市复杂性的来源。然而，这种看似按类型拆分的子系统在相互组合后，也无法准确概括整体系统的特征，看似并不相关的子系统之间事实上会有更加难以厘清的非线性、演化的相互影响，并在整体系统中呈现一定的演化规律。例如在城市发展过程中，高效的制度供给、经济增长、文化服务水平、人口发展质量等细分系统往往会在整体进行系统间的相互作用（最终呈现为系统集成的演化作用），最终共同演化成一个更加理想的城市状态。哈耶克和霍兰分别在各自的著作《自发秩序原理》和《隐秩序》中描述了这种现象，对于城市复杂系统而言，除了我们可以认识与掌握的规律与原则以外，各类子系统之间更存在着大量难以准确认识的自发秩序，它们共同组成了整体系统复杂性的来源。

　　另一类复杂性来源于尺度的变化带来的系统特征和规律的变化，在城市与区域尺度、城市宏观尺度、中观的区县尺度、进一步细化的街道和社区尺度到最小的构成要素尺度中体现出对立统一的发展特征，这一特点被埃德加·莫兰概括为复杂系统的"两重性"。以北京市老旧小区改造为例，老旧小区的综合改造困境包括产权视角下的"公地"悲剧、价值偏好差异下的选择困难、集体规模过大的决策之困和社会资本匮乏导致改造执行力优先等四类典型困境问题，体现出多样化的问题特征，但从整体居住系统和社区系统的视角进行分析，更新问题的本质其实是增值后资源收益的再分配问题，于城市视角应该建立一套合理的利益分配机制对增值利益进行合理的统筹，以实现社会利益、城市发展目标和经济效益的平衡，达成整体城市利益的最大化。尽管在微观层面会存在大量基于个体差异的"非规律性"，但在更宏观的视角进行整合后，也有可以去总结把握的规律作为治理分析的参考。从自然演化的角度来说，个体主体在微观层次进行自发的相互作用，并最终形成整体系统的新特征，也就是复杂系统中的非线性"涌现"现象。例如在珠三角地区的更新改造中，基层的各个村镇采用了适配自己发展的差异化的改造方案，最终在整体上形成了制造业迅速扩张、"村村点火、户户冒烟"的分散式经济发展模式。

　　此外，城市系统层次结构的复杂性还体现在上述复杂特征的相互嵌套过程中。例如，一个特定城中村的更新改造实践过程，既受到宏观的外部经济环境系统的影响，也会受到具体城市的更新政策的限制和指引，同时与村镇所在地方的特定的发展阶段、政府—市场—社会关系、居民偏好甚至是年龄构成等也有极强的相关性，即这一具体的行为同时受到不同领域的不同子系统（政治、经济、文化）、同一子系统内的不同层次（例如市级、区级、街道不同的改造补贴政策模式）的影响。各个系统并非简单叠加，或如拼图般不重不漏地组成城市复杂系统，而是相互嵌套、相互叠加、相互影响地组成一个复杂而"混沌"的开放的复杂巨系统。

3. 人居环境复杂系统的"冰山模型"

解构人居环境的各个层次与各个子系统，我们可以将其图示为"冰山模型"（图 2-2）。位于海面之上的是人工建成环境与自然生态环境，其特征相对比较容易感知和测度，而挑战主要来自于庞大数据的收集、分析与时间成本。位于冰山之下的则是城乡社会、经济、文化等系统，虽然有些特征可以实现延后测度与感知，但由于主体的复杂性，另一些特征则难以测度和感知。对位于海平面下深层次的人类尚未认识和理解的作用机制，我们必须秉持开放的心态，尊重自发秩序，减少过多干预。相信随着科学技术的发展，我们对宇宙的认知会越来越多、越来越深。

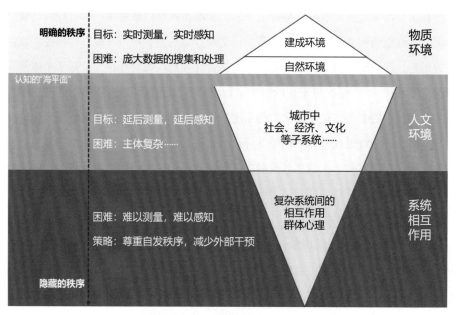

图 2-2　人居环境中多层次、多系统的"冰山模型"

来源：作者自绘（田莉 等，2023）

三、智慧人居环境冰山理论框架

近年来，在新一代信息技术的支撑下，由传统人居发展而来的"智慧人居环境"技术正在迅速发展。与传统人居相比，智慧人居环境拓展了虚拟人居空间和人对空间需求的维度，"现实人居"与"虚拟人居"相互映射反馈、交互融合，形成"现实与虚拟智能交互的智慧人居环境"，能满足人们更加多元、更多维度的空间需求，同时也进一步强化了人居环境系统的"复杂性特征"。

（一）智慧人居环境的复杂性特征

1. 虚拟空间与现实空间耦合下的复杂系统结构

传统人居环境科学以自然、人、社会、居住、支撑和全球、区域、城市、社区、建筑的五个层次和五大系统对人居环境进行解析，形成了一个网状交叉的多主体复杂系统结构，复杂性既体现在社会、经济、文化等不同维度、不同要素之间的相互交叉中，也体现在区域、城市等不同尺度、不同层次之间的传导影响下。而在系统认识的整体视角中，上述部分的各维度、各层次之间相互嵌套，各主体之间相互作用、不断演化，最终形成一个基于"主体—流—网络"的复杂人居环境系统。在智慧人居时代，人居环境在数字孪生技术、元宇宙技术等新型技术的叠加下，虚拟空间与现实空间形成了进一步复杂的耦合结构。具体体现在如下三个方面：①系统"容量"的大大丰富，人居环境边界极大拓展。在传统人居时代，人居系统依托于实体空间存在，其边界虽然随着人类对世界的认识与改造过程不断拓展，但仍有明确的边界和上限，受物质资源的制约。而在智慧人居时代，空前算力和存储能力使得虚拟空间范围大大突破了"物质边界"的局限（尽管仍有电力等资源的限制），每个人都可以在虚拟世界中进行建设、设计城市甚至整个星球，人居系统的"容量"得以大大拓展。②系统的"行为—空间"结构更加复杂，治理难度不断提高。在传统人居时代，人类活动依托改造后的实体空间存在，即使有功能复合的用地趋势，但仍呈现出空间与活动之间一一对应的简单结构关系。虚拟空间的出现打破了这种简单映射，分散在世界各地的人可能在同一时间在虚拟世界中身处同一个空间活动，形成超越传统模式下的复杂"行为—空间"

关系。如何认识这种变化、提出对应的治理模式和适配的行为规则成为未来人居建设的重大挑战。③数据体系的价值持续提高，构建综合数据底板的重要性不断增强。传统人居发展中，数据往往作为统计指标出现用以对区域发展水平进行管理与评价。但在智慧人居时代，数据本身也是人居环境的一个部分，虚拟空间的建设以"数据"作为载体出现，数据自身就如同一幢房子、一个街区一般成为虚拟空间的"现实"所在。这一背景下，个体需要提高数据可得性和数据安全性，市场主体需要改良出低成本的数据存储与调用模式，政府需要建设便于统计、分析和管理的数据底板，并建构出智慧人居时代的数据库结构。

2. 虚拟空间与现实空间价值诉求的多元交织耦合

我们正处于一个外部环境和内部诉求急剧变革的时期，社会经济价值的碎片化，利益主体的多元化，使得空间治理面临前所未有的严峻挑战，经济、文化、生态、社会等多种目标的平衡成为未来人居环境规划治理的关注重点。智慧人居时代进一步放大了这种价值平衡的困难。从制度建设的视角来看，几乎完全是从零开始建设的虚拟空间需要形成对应的规则体系，诸如数据产权归属、系统准入门槛、虚拟空间的法律与道德准则、全球算力资源的调用与协同等一系列问题需要政府、社会与市场主体进行碰撞与协调，最终达成智慧人居时代实现多元价值诉求的平衡。而从主体差异的角度，由于虚拟空间下个体可以参与的行为、体验的外部环境极大丰富，个体差异性也因此增强，基于个体差异的自发行为与价值诉求呈现出进一步多元的发展趋势。此外，由于虚拟—现实交织打破了前文所述的传统"行为—空间"关系，人类交互、协同与发声渠道进一步多样，多元诉求的表达形式和影响力不断拓展。在上述背景下，需要着手建设新时代的多元主体利益协商平台以实现多元价值的充分表达并平衡差异化的发展需求。

3. 虚拟空间与现实空间的动态流动性特征加深

复杂结构和多元主体是复杂性系统的骨架和血肉，而相互作用的非线性过程是复杂系统不断演化的生命力的源泉，智慧人居时代进一步加深了这种非线性作用过程，呈现出动态流动的系统特征。一方面，人居环境的建设过程动态流动性增强。传统人居环境规划建设的滞后性和难以改变的特征，使得人居环境建设的发展和演进往往是缓慢而渐进的，传统"终极蓝图"式的规划局限性未完全暴露出来。但在虚拟空间时代，"制造物体""建设与更新"等手段被调用代码所取代，空间变化周期大大缩短，系统的动态流动性特征加强。另一方面，从决策角度看，智慧人居时代信息流通效率大大提高，决策速度加快，系统流动性增强。传统的人居环境系统中，人们的沟通模式、沟通效率局限于技术发展，沟通影响和作用效果又受到单一维度信息传导模式的影响。而在智慧人居环境时代，元宇宙、大数据等新兴技术将人类在不同尺度、不同层次的沟通和不同主体之间的交流难度大大降低，促进了信息的交互过程，并直接反映在决策和更新建设效率上。

（二）智慧人居环境"冰山模型"框架

智慧人居"冰山模型"把易于测量的部分描述为漂浮在洋面上的冰山（图 2-3），其中自然资源、土地、房屋、道路交通、市政设施数据、开源大数据等的收集、整合与信息平台的构建属于裸露在海面上的表层部分，这是对人居环境管理的基本要求，我们姑且称之为"智慧人居 1.0 版本"，这个阶段的主要

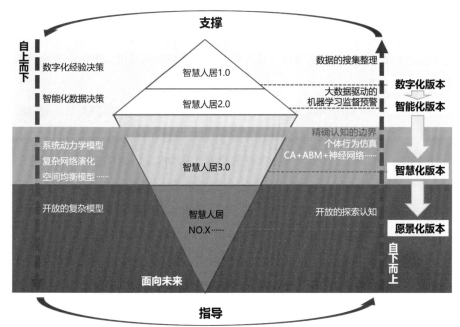

图 2-3　智慧人居环境的"冰山模型"层次

来源：作者自绘（田莉 等，2023）

特点是"数字化"；在"智慧人居1.0版本"的基础上，利用大数据分析乃至机器学习等手段建构自然资源、土地、房屋、市政设施管理知识图谱和预警评估指标体系，确定交通、基础设施、消防安全等适用的阈值范围。其特点可以总结为"感知→计算→分析→预警"，称之为"智慧人居2.0版本"，这个阶段的主要特点可归结为"智能化"。目前，一些城市或地区已经开展了智慧人居这两个版本的实践，其特点是易被测量和观察，随着信息技术的发展和信息平台的建设有望推广到更多地区。

"智慧人居的3.0版本"是规划决策辅助的真正"智慧化"阶段。就目前的发展阶段而言，部分位于海平面之上，是经过多年的专业实践探索掌握其运行规律的区域，另外的部分位于海平面之下，是我们对复杂性系统正在探索但尚未掌握其规律的领域。对决策者自上而下的宏观决策而言，可以借助专业模型，如系统动力学、复杂系统演化、空间递进均衡模型等，分析政府干预对人居环境可能产生的影响，如土地利用政策变化对住房、交通、环境等影响的模拟仿真，进行智慧决策辅助。对自下而上的个体与组织行为而言，则可借助元胞自动机（CA）、多智能体（ABM）、神经网络等实现个体、组织行为对城市的整体影响仿真，实现"自上而下的调控"与"自下而上的行为"之间的耦合与协调。目前阶段而言，由于数据收集、软件开发等难度和成本较高，专业模型的运用多停留在学术研究范畴，尚未运用到现实世界。

"智慧人居的3.0版本"未来的研发与运用，需要学术界、实践界与政府的密切合作，一方面将专业模型轻量化、标准化，使之能实时快速模拟政策干预产生的后果；另一方面，开展多元共治平台的建设，及时收集、反馈多元主体的意见和建议并上传至云端，建立基于多目标（社会/经济/环境）—多尺度（市/区/镇街）—多主体（政府/企业/个人）空间优化的决策模型与多模块的综合集成研讨厅系统，提升空间治理水平。"智慧人居3.0版本"可被称为"智慧化版本"。

同时，我们必须意识到人类现阶段认知的局限性，了解复杂系统潜藏于水下深层部分的特质，也就是"隐藏的秩序"，是目前的技术手段与认知无法到达的领域，避免"理性的自负"和"盲目的科学主义"。相对于"智慧人居1.0～3.0版本"而言，"智慧人居X版本"不易被观察和感知，更难于改变。为此，我们需要抱着开放的态度，避免过度干预，相信随着未来科学技术的进一步发展与复杂系统模型的进一步开发，我们对人居环境的认知会更接近于其"实相"，对这一版本，可以称之为"愿景化版本"。

四、智慧人居冰山理论在空间规划中的应用示例

（一）从智慧人居 1.0 到 2.0：以老旧小区改造研究与实践为例

正如前文所述，智慧人居 1.0 阶段的实践应用主要在计算机辅助信息统计与可视化，解决传统分析方法统计能力不足的问题，应用范围包括自然资源、土地、房屋、道路交通、市政设施等领域，可以概括为基于初步统计分析的多源数据资源整合与处理。

智慧人居 2.0 阶段强调基于机器学习、自然语言处理的问题识别与辅助决策，以"全面的问题挖掘 + 智能化决策支撑"实现治理效能的提升，譬如一些通过人工智能技术方法进行大数据驱动决策的案例。在老旧小区改造案例中，通过 Python 爬取得到多源数据资源（如房产网页数据、招投标公告数据、媒体数据等，包括地理位置、建成年代、建筑类型、物业类型、价格等相关字段）即为智慧人居 1.0 阶段的应用实例，而经由自然语言处理等方式分析后得到的老旧小区特征、项目特征、多元主体冲突和关键问题等要素的全面概括，则可以理解为智慧人居 2.0 阶段的实现（图 2-4）。

具体而言，以获取特定研究时段内老旧小区改造资金来源为例，其实现方式为：利用 Python 网页爬虫技术，获取北京市公共资源交易服务平台网站上公开老旧小区改造工程建设招标公告，对老旧小区改造项目资金来源、出资比例进行分析（图 2-5）。分析结果显示，无政府投资的项目仅占 1/4，而政府投资参与的项目比例为 74.9%，这之中近九成为政府 100% 投资。这表示北京市老旧小区改造项目的资金来源较为单一，大部分为政府财政投资，因此可以初步得出这样的结论：在 2016—2022 年期间，老旧小区改造仍然为政府主导的一项惠民工程。

基于自然语言处理（NLP）的老旧小区矛盾识别主要包括数据获取、文本处理和词频分析三步。首先，以北京卫视《向前一步》节目 2019—2022 年共 52 期

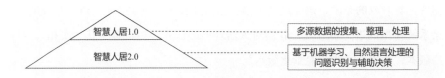

多源数据资源的整合与处理→全面的问题挖掘+智能化决策支撑→提升治理效能

图 2-4　老旧小区改造案例中智慧人居 1.0 到 2.0 阶段的实现思路

来源：作者自绘

图 2-5　老旧小区改造招标公告信息爬取界面

来源：作者截取网页

与老旧小区改造相关的节目视频作为素材，基于网页开发者工具下载视频源文件，获取基础信息数据（图 2-6）。然后，将访谈视频语音（时长约 50 小时）转换为文本数据（约 60 万字），进而基于 Python 编程的文本分词、新词挖掘、词性分析、词频统计等开展文本分析（图 2-7）。通过机器学习，获取出现频次最

图 2-6　老旧小区改造矛盾识别的基础信息数据获取过程

来源：作者自绘

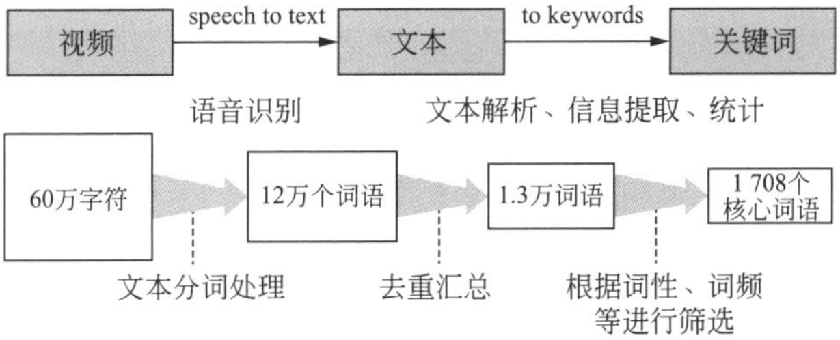

图 2-7　基于自然语言处理的老旧小区改造矛盾识别文本分析实现过程

来源：作者自绘

高、信息量最大的词语。以北京市月桂庄园小区改造的视频文本分词结果为例（表 2-1），可知此改造的关键矛盾是停车管理问题，冲突大概率发生在业主、业委会和物业管理公司之间，其中核心问题可能是居民不认同、不愿意缴纳停车管理费用。将高频词划分为以下 6 类（表 2-2）：①改造内容相关；②成本收益相关；③产权相关；④规则制度相关；⑤规模相关；⑥社会资本相关。据此可以认为，用集体行动的理论视角来分析老旧小区改造中的困境具有一定解释力。

表 2-1 老旧小区改造矛盾识别的关键词统计信息

单词	词性	次数/次	数/条	词频	TF-IDF（词频—逆文本频率指数）
业主	名词	137	65	0.039 5	0.020 3
物业公司	名词	63	42	0.018 2	0.012 7
物业	名词	54	33	0.015 6	0.012 5
月桂庄园	自定义词	34	27	0.009 8	0.008 7
收费	名词	34	25	0.009 8	0.009 0
委员会	名词	27	16	0.007 8	0.008 6
沟通	动词	24	18	0.006 9	0.007 3
停车场	名词	23	14	0.006 6	0.007 7
停车费	名词	22	19	0.006 4	0.006 6
停车收费管理	自定义词	20	18	0.005 8	0.006 1

来源：作者自绘。

表 2-2 老旧小区改造矛盾识别的关键词类别分析

关键词类别		词语	频数/次	概率/%
改造内容相关（仅列出前6项）	物业服务	物业、物业公司、物业服务、物业管理等	2 019	1.68
	停车管理	停车、车位、停车场、停车管理等	2 018	1.68
	公共空间	院落、绿地、养老驿站、社区活动室等	1 004	0.84
	加装电梯	加装电梯、增设电梯、安装电梯等	711	0.59
	拆除违建	拆违、违建、拆除等	447	0.37
	上下水改造	上下水改造、上下水管道、水管等	149	0.12
成本收益相关	成本/费用	停车费、物业费、成本、费用、收费、损失等	2 196	1.83
	收益/利益分配	利益、收益、利益分配、资产经营等	749	0.62
产权	产权	产权、产权单位、房改房、使用权、产权归属等	518	0.43
规则制度	规则制度	法律条文、规定、合同、标准等	1 519	1.27
规模	规模	人数、户数、规模、多数、过半数等	390	0.33
社会资本/邻里关系	居民自治	业委会、居民组织、自治等	555	0.46
	沟通	沟通、沟通交流、沟通机制等	512	0.43
	信任问题	质疑、信任、猜忌、猜疑等	226	0.19
	监督	监督、监督管理	79	0.07
	邻里	邻里、邻里关系	44	0.04

来源：作者自绘。

（二）智慧人居 3.0 的实现与展望：以基于 SDES 的北京住房模拟系统为例

智慧人居 3.0 阶段要求从 1.0 阶段的"数字化版本"和 2.0 阶段的"智能化版本"发展演化为"智慧化版本"（图 2-8），其特点是规划决策支持与多元共治，实现由数据决策到科学决策的转型。此阶段将专业模型，如城市复杂系统模型、空间均衡模型、社会经济效益模型、网络演化模型等接入智慧平台，搭建城市数字孪生与智慧人居环境之间的多层应用场景。整合社会经济分析场景并引入参与式、互动式与交互式智慧规划平台，促进我国城乡空间的高水平治理（田莉 等，2023）。因此，在这一阶段，一方面需要突出体现智慧人居的技术优势，主要包括"更精确的数据处理""更综合的问题识别""更便捷的信息搜集"和"更实时的动态监测"等四部分内容；另一方面，应当聚焦于多目标、多元主体、复杂的"非线性"系统以及演化的发展需要这四大未来发展问题挑战，从而集成和实现基于复杂系统专业模型框架，以智慧人居技术加持的智慧人居 3.0 系统，满足精细化数据底板、动态适应规划和智慧化辅助决策这三大核心任务（图 2-9）。

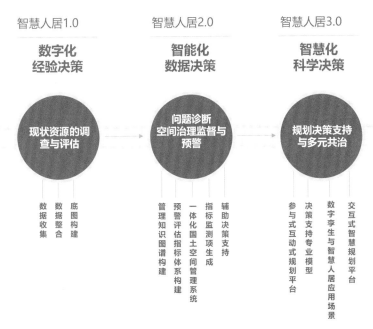

图 2-8　智慧人居 1.0 到 3.0 的目标内涵与应用领域

来源：作者自绘（智慧人居创新中心团队，2023）

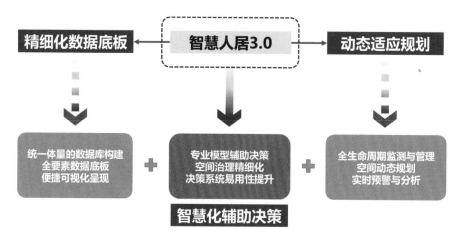

图 2-9　智慧人居 3.0 框架的三大核心任务

来源：作者自绘

　　总体而言，城市系统是一个涉及多维度、多层次、交互式的综合性复杂巨系统，在复杂性系统理论成立之初就成为重要的研究对象。其中，城市住房系统是城市复杂巨系统中最为重要的子系统之一（李伟 等，2012；王旺平，2013；郑生钦 等，2018）。住房系统中的商品房价格、租房价格、房租收入比、租赁住房供求比以及职住通勤成本等直接关系到一个城市居民幸福度、城市的竞争力乃至社会—经济可持续健康发展（朱婧 等，2018；李云鹤 等，2020；牟新娣 等，2020；闫曼娇 等，2022）。但城市住房子系统之间的宏观逻辑框架建构尚显薄弱，模拟过程中也缺乏治理维度情景模拟的考量。本节基于复杂系统视角采用的SDES模型正是智慧人居3.0阶段的重要应用案例。该模型能够围绕城市住房系统，建构定性和定量相结合的城市住房复杂系统研究理论与方法体系，并以北京市为例，进行实证案例研究，探讨在不同住房治理情景下，住房系统的变化对城市其他子系统所产生的影响，从而为住房发展政策的制定提供决策参考。

1. 基于 SDES 的住房系统模拟理论框架构建

（1）住房系统 SES 框架构建

　　SES 框架可以被简单解释为：在不同社会、经济和生态背景下，多中心利益主体遵循治理规则而行动，从资源系统中提取资源单位；管理对象的可持续性结果由于各子系统之间的状态和行动情景的不同而有所差异；各子系统根据系统间正向或负向的信息互馈进行调整完善，以趋向可持续发展。据此，可将城市住房系统 SES 框架解构如下（图 2-10）。

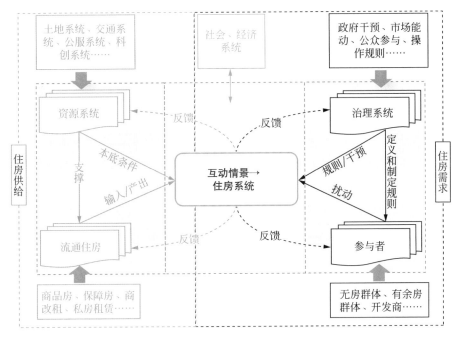

图 2-10　住房系统 SES 框架

来源：作者自绘

在特定社会经济发展背景下，多利益参与主体遵循治理系统的规则，选取和利用特殊资源系统中的流通住房套数；在这一过程中，住房供给和需求相互作用的差异将受到不同维度系统要素的影响，这也将导致住房系统的变化。不同维度之间的内涵、要素及其与其他子系统之间的关系分别如下：

① 社会、经济系统：是整个住房系统运行的重要背景因素。社会经济系统通过调整人口目标、就业岗位目标、一二三产业发展目标、人均 GDP 目标、财政支出等进而直接或间接影响住房系统供给和需求方面的因素，进而影响住房系统演化。

② 资源系统：是住房系统的空间本底条件，也是市场上流通住房的外部支撑环境，是住房供给端的重要组成部分。其状况依赖于土地系统、交通系统、公服系统、科创系统等子系统的状况，这些环境的好坏在很大程度上影响着参与者

选择流通住房的意愿。

③ 流通住房：是指市场上可供选择的各种产权性质的住房，包括商品房、保障房、商改租、私房租赁等。流通住房数量决定了住房供给的规模，也是住房系统的关键输入产品与服务。

④ 治理系统：是在特定社会—经济—政治背景下，政府或非政府组织（如市场、公众等）基于历史经验、社会经济发展目标或现实问题制定的行动准则或操作规则。治理系统包括自上而下的政府投资与政策干预（新建商品住房、保障房等）、自下而上的集体或居民自发能动作用（私人住房租赁）、市场投资（商改租）等非政府组织的参与以及围绕住房系统所形成的操作规则等。治理系统为参与者行动提供准则，同时也会影响住房系统的要素变化。

⑤ 参与者系统：指与住房系统密切相关的各类利益群体，包括外来务工群体、创新群体、本地新增群体等无房群体，本地有多余房屋群体，以及投资建房的开发商群体。其中，无房群体对流通住房具有强烈的刚性需求，多余房屋群体和开发商群体则是供给住房的重要主体。

⑥ 相互作用→住房系统：互动情景是各维度要素之间对住房系统的干预/扰动力度，住房系统则是指反映住房市场运行状况的重要参数集合，如商品房价格、租赁住房租金、房租收入比、租赁住房供求比等，这些参数很大程度上反映了城市住房系统的健康状况。差异化的互动情景将导致差异化的住房系统可持续发展状况。

（2）住房系统 SDES 模型框架构建

城市住房系统 SDES 模型框架如图 2-11 所示。首先，利用 SES 分析框架，围绕社会、经济、住房、交通、土地、公服、科创、治理以及参与者等不同维度要素，探明诸多要素之间的定量因果关系式。其次，构建自然发展情景下的 SD 模型，模拟预测现状延续情景下的住房系统演化趋势，其结果变化如图 2-11 右下角图中的 L 线所示。最后，设置 SES 治理情景下的住房系统预测情景。政府、市场和公众等多利益主体的治理行动是影响城市住房系统状况的关键因素，因此，在对住房系统进行预测的过程中，可根据多元治理目标调控多项治理行为，模拟不同规划情景下的住房系统演化状况。当治理情景适应住房系统时，产生正

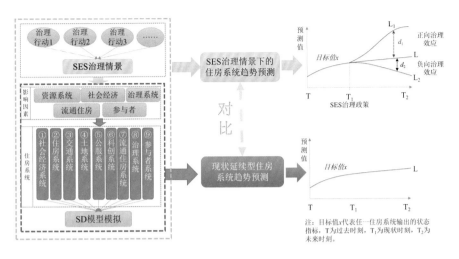

图 2-11　城市住房系统 SDES 模型框架

来源：改编自（田莉 等，2023）

向治理效应，未来的住房系统将得到健康发展，如图 2-11 右上角图中 L_1 与 L 之间的距离 d_1 所示；当治理情景不适应城市住房系统发展时，住房系统的相关要素将产生负向治理效应，未来住房系统将产生更多的负面影响与压力，如 L_2 与 L 之间的距离 d_2 所示。SD 模型的相关关系式在诸多文献中已有详细陈述（Su et al.，2019；牛方曲 等，2019；曹祺文，2020；顾朝林 等，2020），在此不再赘述。

（3）城市住房系统成本—收益分析框架

为了更为科学地择优对比各项模拟情景，本文建构了城市住房系统的成本—收益分析框架（图 2-12）。该框架的基本原理是：基于 SDES 模型模拟结果，分别统计住房系统收益变量（商品房价格、租赁住房租金、房租收入比、租赁住宅供求比等）和成本变量（如政府投资、市场投资和社会投资等）在预测时间内的总体情况，在此基础上，通过定性、半定量或全定量的方法确定成本—收益的高—低类型，并根据成本—收益四象限分类，确定情景的优劣类型，其中低成本—高收益的被认定为最佳情景，高成本—低收益的被认定为最差情景，高成本—高收益、低成本—低收益被认定为一般情景。以此为城市住房系统政策调控提供定量化数理依据与参考。

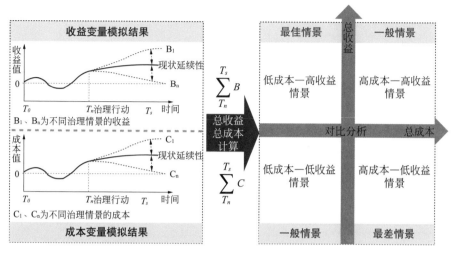

图 2-12　城市住房系统成本—收益分析框架

来源：作者自绘

2. SDES 模型在城市复杂系统中的应用：以北京住房系统发展为例

近年来，随着住房问题的日益严峻与房地产引发的金融危机风险，党的十九大报告提出"加快建立多主体供给、多渠道保障、租购并举的住房制度"，租赁市场的重要性开始凸显。作为特大城市，北京的住房问题一直十分尖锐。"减量规划"背景下，商品住房供地已逐渐接近零增长趋势。2017 年以来，政府一方面鼓励在集体土地上建设低成本的租赁住房（集租房），另一方面鼓励把低效的商办工业用房等改建为租赁住房。但经过几年的实践，效果并不尽如人意。例如，租赁住房多分布在郊区，存在成本回收期偏长、通勤距离过远、公服设施配套不足等问题，也存在基层政府担心租赁住房发展会影响房价乃至本级政府土地财政收入而配合度不够等情况。因此，以租赁住房治理为重点，对北京住房市场未来的变化趋势进行模拟分析，以期对未来住房发展的政策优化提供决策参考。

（1）研究方法与数据来源

本节主要采用"SD+SES"模型，利用 Vensim PLE 开展仿真模拟。研究使用 2009—2020 年数据资料，其中人口、社会、经济等数据来源于《北京统计年鉴（2010—2021 年）》，房价数据来源于安居客平台。新建租赁住房供给潜力与商改租赁住房供给增加潜力采用清华大学建筑学院土地利用与住房政策研究中心"北京城乡土地利用与租赁住房发展系统平台"中的数据。

（2）基于 SD 模型的北京租赁住房系统的构建流程

SD 的构建是一个较为复杂的反馈过程，首先需要研究各个子系统之间的互动机制，加入关键要素后，通过因果关系图表现出来，之后梳理系统的反馈结构，确定模型的变量和变量之间的方程关系，并将因果关系图转化为存流量图，构建出初步的北京租赁住房模型。再通过历年数据设置和调整关键参数，使其适用于研究的对象和范围，同时具有较高的准确性，随后对模型的政策方案设定进行优化，对最终得到各个方案的模拟结果进行分析，其流程如图 2-13 所示。

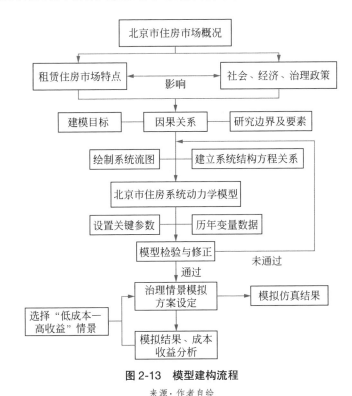

图 2-13 模型建构流程

来源：作者自绘

（3）基于 SDES 的北京住房系统分析

由于北京市数据类型和内容较多，模型很难完全反映真实运行的复杂情况，要根据具体研究目的对指标和模型结构进行简化处理，忽略和剔除无关变量，保证模型能够有效运转。本研究中系统的边界定义为北京市住房、社会、经济和治理之间的作用影响，从租赁住房的供给和需求两个方面出发，研究其变化趋势和对其他各指标的影响。

反馈回路是系统动力学模型的基本构成单元，也是模型结构的核心。因此，为构建北京住房系统，应当在反馈回路中体现出地区住房制度发展的关键性影响因素。该系统的反馈回路有以下 3 条：

① GDP →固定资产投资→轨道交通投资→轨道交通运营情况→楼面地价→商品住宅价格→房价收入比→租赁住宅租金→创新人群房租收入比→创新实践水平→ GDP，该回路是一条负反馈回路，城市租赁住房系统中房租收入增加会逐离创新人才，不利于创新能力的提高，从而影响 GDP 增长，轨道交通建设与房地产业发展受限，最终使房租收入比回归较为合理的区间，体现了房租收入比与经济增长之间的互动关系。

② GDP →创新人群劳务费（R&D 人员）→创新人群收入水平→创新人群房租收入比→创新实践水平→ GDP，这是一条正反馈回路，GDP 增长会加大创新人群的劳务费用投入，提高创新人群的收入水平，因此该人群的房租收入比将减少，促进创新实践水平的提高，最终促使 GDP 进一步提升，体现了创新水平与经济发展之间良性互动的规律。

③ GDP →固定资产投资→固定资产资本存量→ GDP，该回路是一条正反馈回路，经济发展过程中固定资产投资积累为资本存量，从而导致 GDP 进一步增长，符合有效投资扩大再生产对经济发展的促进作用。

基于三条反馈回路和子系统关系，可以构建出以租赁住房为中心的北京住房 SD 模型因果关系图（图 2-14）。

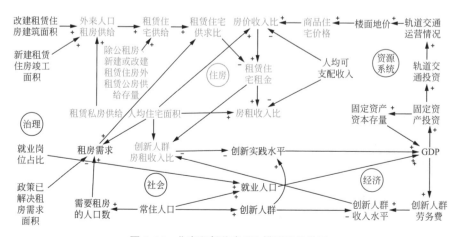

图 2-14 北京租赁住房 SD 模型因果关系

来源：作者自绘

对北京住房因果关系图中的变量类型进一步细分，加入相关变量进一步补充，可以得到北京住房 SD 模型系统流图（图 2-15）。模型中部分变量间的方程关系是固定的数量关系，可以直接写出系统方程式，有些变量之间没有直接的数量关系，则需要运用 SPSS 软件对历年数据进行回归分析得到。

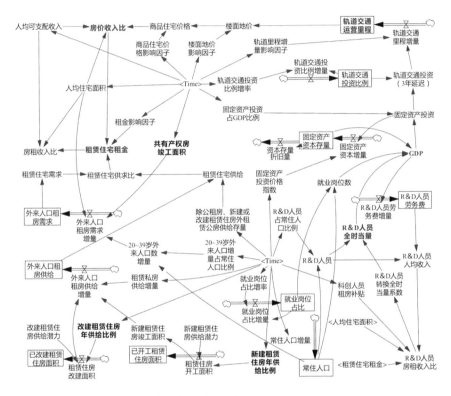

图 2-15　北京租赁住房 SD 模型系统流图

来源：作者自绘

（4）模型运行检验

为保证本研究所构建模型的真实性和有效性，需要对北京住房 SD 模型进行历史检验。模型的历史检验方法主要是判断仿真结果与历史数据的相对误差是否超过合理区间，如果误差在该区间内，则说明模型有效，能够较为准确地模拟研究对象的运行情况，否则要修改模型的结构或相关参数，直到通过历史模拟检验。相对误差的计算公式如下：

$$D_t = \frac{P_t - S_t}{S_t} \times 100\%$$

式中：D_t 为相对误差；P_t 为时间 t 下的模拟值；S_t 为时间 t 下的真实值。当 D_t 绝对值小于 10% 时，认为模型模拟结果较好，通过了历史检验。

本研究以 2009 年为模型模拟起始年份，2009—2020 年为验证期，对模型中的 GDP、租赁住宅租金和 R&D 人员全时当量进行模型历史检验，检验结果见表 2-3 所示。模拟结果表明：该系统模型相对误差率不超过 10%，在误差允许范围内。这说明北京住房 SD 模型的模拟结果可靠，符合建模要求，可以用来模拟未来北京租赁住房市场的变化情况，能够通过调节关键参数进行仿真模拟实验。

表 2-3　模拟结果统计与误差统计表

模拟结果及误差		2009 年	2012 年	2016 年	2020 年
GDP/ 亿元	预测值	12 379.6	17 897.5	27 179.8	37 180.2
	真实值	12 900.9	19 024.7	27 041.2	36 102.6
	误差 /%	−0.04	−0.06	0.01	0.03
租赁住宅租金 / 元 /（m²·月）	预测值	36.84	52.75	74.44	81.89
	真实值	36.80	53.55	71.96	87.87
	误差 /%	0.00	−0.01	0.03	−0.07
R&D 人员全时当量 / 人年	预测值	176 525	212 879	261 387	336 825
	真实值	191 779	235 493	253 337	336 280
	误差 /%	−0.08	−0.10	0.03	0.00
房价收入比	预测值	17.83	20.75	31.51	25.42
	真实值	17.69	21.89	32.56	24.82
	误差 /%	0.01	−0.05	−0.03	0.02
轨道交通运营里程 /km	预测值	228	440.76	569.883	722.387
	真实值	228	442	574	727
	误差 /%	0.00	0.00	−0.01	−0.01

资料来源：作者自绘。

（5）模型情景模拟方案设置

为了比较各治理政策情景下北京住房系统改善的绩效，研究从自上而下和自下而上的治理路径，在现状情景的基础上，围绕租赁住房治理情景，从自上而下的政府干预、自下而上的市场能动和公众参与等方面设置了 5 种租赁住房治理情景，如图 2-16 所示。现状情景是未来北京住房市场按照 2020 年各指标的状况进行发展的场景，可以通过模拟较长时间段内关键指标的变化情况，来判断现有发展模式下未来北京住房市场的走向和趋势。其他 5 种租赁住房治理情景设置依据分别如下：

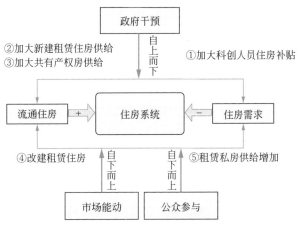

图 2-16 租赁住房治理情景设置依据

来源：作者自绘

① 加大科创人员住房补贴情景

目前，大城市居住成本较高，对科创人才进行住房补贴是科创能力可持续发展的必然选择。在该政策中，为对冲大城市高房价对科创人才的不利影响，科研单位及科创公司会针对此类人群进行生活保障，解决了部分居住难的问题，也保障了城市科技发展的潜力与基础。为了探究该政策下对住房系统未来的影响，从加大住房补贴的角度，设计科创人才居住权益受到更充分保障的情景。

② 加大新建租赁住房供给情景

当前经济下行压力大，为稳定社会经济与人口增长需要加大新建租赁住房的建设力度。我国目前为解决住房保障问题，实施租售并举的住房政策，新建设的租赁住房为近年来人口流入多、房价高的城市中新市民与青年人提供了帮助，是当前住房保障体系的重要组成部分，未来将扩大保障性租赁住房的建设力度，其中新建公租房和利用集体及建设用地新建保障性租赁住房的模式得到了大力推广，必将对租赁住房市场有较大的影响。因此，建立加大建设力度情景来模拟未来扩大住房市场新建租赁住房项目供应规模的情况。

③ 加大共有产权房供给情景

当前，一二线城市购房资金压力大，为缓解居民购房压力，需要加大建设共有产权房的力度。我国目前为解决住房保障问题，规范保障性住房制度，避免出现经济适用房与限价房制度套利问题，实施共有产权房政策，为近年来选择定居一二线城市的市民提供了帮助，是当前住房保障体系的重要组成部分，未来将坚持"房住不炒"的基本原则，扩大共有产权房的供给，因此建立加大共有产权房供给情景来模拟未来扩大住房市场共有产权住房项目供应规模的情况。

④ 租赁私房供给增加情景

引导私人租赁住房是住房政策重要的调节手段。以德国、瑞士、美国为代表的市场化国家，私人住房租赁市场极其活跃，占比为 35% ~ 55%。目前，我国个人租赁住房比例远低于国际市场化国家水平，高房价城市未来的土地供应量均较为有限，但住房空置率高的问题比较突出，为平衡供需矛盾需要积极利用原有个人闲置住房，推出改建保障新租赁住房的鼓励性政策，扩大住房供应量（卢汉龙 等，2019）。因此未来私人租赁住房市场有较大的供给潜力，需要建立相应的情景进行分析。

⑤ 改建租赁住房增加情景

商改租赁住房市场有序发展是住房政策重要的补充手段。目前，高房价城市未来的土地供应量均较为有限，需要积极利用各类闲置住房、商办用房，探索将其改建为保障新租赁住房的途径，扩大住房供应量（卢汉龙 等，2019）。因此未来商改租赁住房市场仍有较大的供给潜力，需要建立相应的情景进行分析。

为了获得单位治理力度变化所提升的绩效，以现状延续情景为参考，统一调整调控变量变化幅度为 30%。各情景中参与模拟调控的调控变量取值方案如表 2-4 所示。

表 2-4　调控变量取值方案表

利益主体	治理情景	调控变量	调控路径：现状值的基础上变化 30%
政府干预	加大科创人员住房补贴情景	科创人员住房补贴	2021 年后每年住房补贴增加 89 元 / 月
	加大新建租赁住房供给情景	新建租赁住房年供给比例	2021 年后每年供给比例为 0.040 857 6
	加大共有产权房供给情景	共有产权房竣工面积	2021 年后每年竣工面积为 171.73 万 m^2
市场能动	改建租赁住房增加情景	改建租赁住房年供给比例	2021 年后每年改建比例为 0.115 559
公众能动	租赁私房供给增加情景	租赁私房供给增量	2021 年后每年租赁私房供给增量为 217.887 8 万 m^2

来源：作者自绘。

（6）情景模拟变化趋势分析

选取住房系统中商品住宅价格、租赁住宅租金、房租收入比、房价收入比以及反映经济发展情况的 GDP 这五个指标来分析各个情景的模拟结果。从各情景中指标的模拟结果看，北京市未来较长时间内租赁住房市场变化趋势均保持一致。

表 2-5 展示了 2020—2035 年各情景关键变量之间的变化差异。从 2020—2035 年四个指标的变化结果来看，现状延续情景 GDP、房租收入比、租赁住宅供求比、租赁住宅租金价格均有不同程度的改善。加大科创人员住房补贴情景下，除 GDP 相较现状延续情景略有增加外，其他三个指标变化情况与现状延续情景相近，原因是科创人员住房补贴范围较小，无法对租赁住房市场供求关系造成影响，即使加大补贴力度也对租赁住房市场的影响较弱。其余四个情景中，四个指标均有不同程度的改善，相比现状延续情景仍有较大提升，原因是该情景下加大了租赁住房市场的供给，改善了租赁住房供求关系，促进了住房市场的良性发展。

由上述分析可知，调控变量调整的各个情景中，加大共有产权房供给情景与租赁私房供给增加情景的租赁住房市场情况较好，收益较高，但需要结合成本综合考虑。

表 2-5　不同情景下关键变量变化差异

对比项		现状延续	加大科创人员住房补贴情景	加大新建租赁住房供给情景	加大共有产权房供给情景	租赁私房供给增加情景	改建租赁住房增加情景
GDP/亿元	2020 年现状值	36 102.6	36 102.6	36 102.6	36 102.6	36 102.6	36 102.6
	2035 年预测值	63 260.4	63 485.9	63 328.4	63 686.6	63 535.2	63 288.5
	变化量	27 157.8	27 383.3	27 225.8	27 584	27 432.6	27 185.9
	变化比例 /%	75.22	75.85	75.41	76.40	75.99	75.30
	相对现状情景的变化量	—	225.50	68.00	426.20	274.80	28.10
	相对现状情景的变化量 /%	—	0.83	0.25	1.57	1.01	0.10
房租收入比	2020 年现状值	0.45	0.45	0.45	0.45	0.45	0.45
	2035 年预测值	0.26	0.26	0.26	0.23	0.24	0.26
	变化量	−0.19	−0.19	−0.19	−0.22	−0.21	−0.19
	变化比例 /%	−42.03	−42.01	−43.29	−49.82	−46.55	−42.50

续表

对比项		现状延续	加大科创人员住房补贴情景	加大新建租赁住房供给情景	加大共有产权房供给情景	租赁私房供给增加情景	改建租赁住房增加情景
房租收入比	相对现状情景的变化量	—	0.00	−0.01	−0.04	−0.02	0.00
	相对现状情景的变化量 /%	—	−0.04	3.01	18.54	10.75	1.12
租赁住宅供求比	2020 年现状值	0.79	0.79	0.79	0.79	0.79	0.79
	2035 年预测值	2.08	2.08	2.11	2.27	2.19	2.09
	变化量	1.29	1.29	1.32	1.48	1.40	1.30
	变化比例 /%	163.70	163.70	167.44	186.73	177.06	165.08
	相对现状情景的变化量	—	0.00	0.03	0.18	0.11	0.01
	相对现状情景的变化量 /%	—	0.00	2.29	14.07	8.16	0.85
租赁住宅租金 / 元 / (m²·月)	2020 年现状值	87.87	87.87	87.87	87.87	87.87	87.87
	2035 年预测值	66.07	66.09	64.63	57.19	60.92	65.54
	变化量	−21.80	−21.78	−23.24	−30.68	−26.95	−22.33
	变化比例 /%	−24.81	−24.78	−26.45	−34.91	−30.67	−25.41
	相对现状情景的变化量	—	0.02	−1.44	−8.88	−5.15	−0.54
	相对现状情景的变化量 /%	—	−0.10	6.62	40.74	23.63	2.46

来源：作者自绘。

（7）成本收益对比分析

各个情景 2020—2035 年的总收益可以用四个关键指标每年较现状延续情景的差值之和来表示，各二级情景较现状延续情景中，调控变量或其相关变量的变化量之和为治理投入的总成本。表 2-6 为 2020—2035 年与现状延续情景相比二级情景关键变量的总收益和总成本。从表中可以看出，治理力度每增加一个单位，加大新建租赁住房供给情景需要付出的成本是增加 9.287 万 m² 的租赁住房新建面积，折合成资金成本约 0.687 亿元，但能带来的收益有：GDP 增加 11.467 亿元、平均房租收入比下降 0.001、租赁住宅供求比提升 0.006、租赁住宅租金降低

0.252 元 /（m²·月）。租赁私房供给增加情景的各项收益指标的收益均小于加大共有产权房供给情景，但单位治理力度下，其成本更低，说明在同等治理力度下，租赁私房供给增加情景的性价比比加大共有产权房供给情景更高。相较于现状延续情景，加大科创人员住房补贴情景能带来较大的 GDP 收入，但其对房租收入比、租赁住房供求基本没有影响，且政策成本是所有情景中最高的。

表 2-6　与现状延续情景相比二级情景关键变量的总收益和总成本

类型		加大科创住房补贴情景	加大新建租赁住房供给情景	加大共有产权房供给情景	租赁私房供给增加情景	改建租赁住房增加情景
总收益	GDP 总增加值 / 亿元	2 696.700	344.000	2 298.800	1 734.300	172.300
	单位治理强度提升带来的 GDP 变化	89.890	11.467	76.627	57.810	5.743
	平均房租收入比变化	0.001	−0.031	−0.198	−0.139	−0.014
	单位治理强度提升带来的房租收入比变化	0.000	−0.001	−0.007	−0.005	0.000
	平均租赁住宅供求比	0.000	0.167	1.065	0.754	0.076
	单位治理强度提升带来的租赁住宅供求比变化	0.000	0.006	0.035	0.025	0.003
	平均租赁住房租金变化 /（元 / 月）	0.173	−7.554	−47.547	−33.132	−3.356
	单位治理强度提升带来的租赁住房租金变化 / 元 /（m²·月）	0.006	−0.252	−1.585	−1.104	−0.112
成本类型		科创人员住房额外补贴 / 亿元	增加租赁住房开工面积 / 万 m²	共有产权房竣工面积 / 万 m²	租赁私房供给增量 / 万 m²	改建租赁住房年供给 / 万 m²
成本	总成本	76.709	278.619	594.450	50.282	81.203
	单位治理力度提升带来的总成本变化	2.557	9.287	19.815	1.676	2.707
	折合人民币 / 亿元	76.709	20.618	43.989	0.014	5.684
	单位治理力度提升带来的财政补贴 / 亿元	2.557	0.687	1.466	0.000	0.189

来源：作者自绘。

注：① $y_i = \sum_{t=2020}^{2035} x_{it}$，$y_i$ 表示情景 i 在 2020—2035 年相对于现状延续情景的总收益或总成本，x_{ti} 表示情景 i 在 t 年相对于现状延续情景的收益或成本。

② $z_i = \dfrac{y_i}{治理力度}$，z_i 是每一种情况下单位变化后的收益或成本。

③ 不同情景成本价值汇算说明：新建租赁住房与共有产权房按照北京市当前租赁市场财政补贴比例（27% ~ 47%）(高瑞东，2022) 的均值37%，建造成本为 2 000 元 /m²，具体计算公式为：政府补贴 = 新建面积 ×0.07 万元 /m²。私人租赁住房的财政补贴，按照《国务院办公厅关于加快培育和发展住房租赁市场的若干意见》（国办发〔2016〕39 号）中"对个人出租住房的，应按照5% 的征收率减按 1.5% 计算缴纳增值税"进行计算，具体计算公式为：政府补贴 = 租赁私房面积 × 每平方米租金 ×（5% ~ 1.5%）。改建租赁住房的财政补贴，按照《北京市发展住房租赁市场专项资金管理暂行办法》（京建发〔2020〕253 号）中"改建租赁住房补助标准为使用面积 15 平方米以下的 1 万元 / 间"计算，具体计算公式为：政府补贴 = 改建面积 ×0.07 万元 /m²。

为了进一步识别不同情景的成本与综合收益特征，研究对收益和成本大小进行了排序。由于成本收益为一对多的关系，研究采用得分排序法进行优越性对比，即对收益按照高排序高得分的方法对不同情景打分（由高到低：5~1 分），再对同一情景不同收益得分进行求和，最后根据总得分进行总收益排序（由高到低：1~5 名）。收益成本比较结果见表 2-7，据此，可将不同情景分为以下 4 种类型：

表 2-7　二级情景成本收益排序

类型		加大科创住房补贴情景	加大新建租赁住房供给情景	加大共有产权房供给情景	租赁私房供给增加情景	改建租赁住房增加情景
各项收益排序打分	GDP 总增加值	5	2	4	3	1
	平均房租收入比变化	1	3	5	4	2
	平均租赁住宅供求比	1	3	5	4	2
	平均租赁住房租金	1	3	5	4	2

类型		加大科创住房补贴情景	加大新建租赁住房供给情景	加大共有产权房供给情景	租赁私房供给增加情景	改建租赁住房增加情景
总收益得分		8	11	19	15	7
总收益排序		4	3	1	2	5
成本	成本类型	加大科创住房补贴情景	加大新建租赁住房供给情景	加大共有产权房供给情景	租赁私房供给增加情景	改建租赁住房增加情景
总成本排序		1	3	2	5	4

来源：作者自绘。

低成本—高收益情景：租赁私房供给增加情景。该情景是鼓励私人将闲置住房投入租赁市场的个体治理行动，政府的补贴最终以税收补贴的形式予以减免，成本几乎为零，同时可获得相对较高的综合收益。因此，被认定是最佳的情景。

高成本—高收益情景：加大共有产权房供给情景以及加大新建租赁住房情景。主要是政府投入资金增加保障性住房（租赁住房和共有产权房）建设，虽然能获得高收益，但也需要付出较多的资金用于建设财政补贴。

低成本—低收益情景：改建租赁住房增加情景。政府在改建租赁住房增加情景调控中付出的财政补贴是相对较低的，但由于改建租赁住房的市场管控相对较严格，体量较小，因此，该政策所能带来的绩效相对有限。

高成本—低收益情景：加大科创人员补贴情景。该情景能带来较高的 GDP 收入，但对房租收入比、租赁住宅供求比以及租金影响较小，综合绩效相对较小，且需要加大政府财政投入。

（8）SDES 模型小结

我们正处于一个日益变化、日渐复杂的世界。新冠疫情对全球的冲击，新技术新科技对生活与国家竞争力的影响，社会、经济与政治的碎片化与多元化……无一不影响着我们及我们所生活的城市。在后疫情社会经济复苏时代，如何在纷繁复杂的城市复杂性系统中，去粗取精，提炼影响城市问题的关键因素，据此对复杂系统的运行进行优化，为城市管理与决策提供参考，具有重要的理论与实践价值。本节在复杂性系统研究回顾与城市复杂性系统剖析的基础上，提出了建构SDES 模型分析城市问题的路径，并以北京住房发展的模拟为例，以租赁住房治理为核心，对该模型的应用进行了验证，这种建立在专业模型上的科学化、复合型决策正是智慧人居 3.0 阶段的重要表征和直观体现。

值得注意的是，该模型的应用也面临一些局限和约束，例如，很多历史数据的缺失导致模型中一些关键变量的缺失，如高学历人口的迁入迁出、拆迁户数等。其次，SDES 模型模拟的结果仍停留在总量和规模上，难以落实到城市规划管理所需的空间单元上，因此还需要和 CA、ABM 等具有空间属性的模型相结合，以满足城市复杂性系统管理的需求，这是我们未来研究需要关注的方向。

五、小结

复杂性系统研究自 20 世纪 70 年代以来经历了三阶段理论演变后，系统哲学方法和系统科学方法不断得到发展与开拓，现已得到广泛应用，并涵盖了自然科学与社会科学的多重领域。生态文明建设与信息化技术不断推动着"传统人居环境"向"智慧人居环境"发展转型，充分融合并智能交互"现实人居"与"虚拟人居"，以更显著的"复杂性特征"满足人居环境的多元、多维空间需求，例如人居系统逐渐突破"物质边界"的容量局限，系统的"行为—空间"结构趋于复合型映射，综合性数据底板的重要地位日益凸显，多种价值诉求不断交织耦合，动态流动性特征持续加深等。

在这样的背景下，智慧人居环境的"冰山"模型得以构建，自上而下地从数字化经验决策的"智慧人居 1.0 版本"衍生出智能化数据决策的"智慧人居 2.0 版本"，并可以进一步深化为应用系统动力学模型、复杂网络演化、空间均衡模型、个体行为仿真和 CA+ABM+ 神经网络等的"智慧人居 3.0 版本"，以及面向未来的开放复杂模型的"智慧人居 X.0 版本"，实现从"数字化—智能化—智慧化—愿景化"的跨越式转型。

当前阶段，智慧人居的 1.0 版本和 2.0 版本已经形成了大量成熟的实践案例，在空间规划和治理决策中得到了广泛的应用，而智慧人居的 3.0 版本也进行了许多有益的积极探索。在未来一个阶段，基于全要素数据底板和便捷可视化呈现的统一体量数据库构建、基于专业模型开展精细化空间治理的辅助决策模型以及面向全生命周期监测与管理的空间动态规划实时预警与分析等将作为智慧人居 3.0 版本的核心任务，推动智慧人居这一充满复杂性的"冰山模型"不断演进和深化，形成更加开放的探索与认知。

参考文献

曹祺文，2020. 多要素—多维度—多系统的国土空间规划 SD 模型研究［D］. 北京：清华大学.

范冬萍，2020. 探索复杂性的系统哲学与系统思维［J］. 现代哲学，（4）：97-102.

顾朝林，田莉，管卫华，等，2020. 国家规划 SD 模型与参数：城镇化与生态环境交互胁迫的动力学模型与阈值测算［M］. 北京：清华大学出版社.

李静海，胡英，袁权，2014. 探索介尺度科学：从新角度审视老问题［J］. 中国科学：化学，44（3）：277-281.

李静海，黄文来，2016. 探索知识体系的逻辑与架构：多层次、多尺度及介尺度复杂性［J］. Engineering，2（3）：34-54.

李伟，王朝健，2012. 基于系统动力学的公共租赁住房价格因子分析［J］. 合作经济与科技，（6）：84-86.

李云鹤，曾祥渭，王欣然，等，2020. 基于系统动力学的城市群商品住房价格收敛性研究：以京津冀城市群重点城市为例［J］. 建筑经济，41（S1）：233-237.

牟新娣，李秀婷，董纪昌，等，2020. 基于系统动力学的我国住房需求仿真研究［J］. 管理评论，32（6）：16-28.

牛方曲，孙东琪，2019. 资源环境承载力与中国经济发展可持续性模拟［J］. 地理学报，74（12）：2604-2613.

仇保兴，2016. 城市规划学新理性主义思想初探：复杂自适应系统（CAS）视角［J］. 南方建筑（5）：14-18.

田莉，黄安，李永浮，等，2023. 中小尺度空间单元资源环境承载力评估与提升［M］. 北京：清华大学出版社.

田莉，徐勤政，2021. 大都市区集体土地非正规空间治理的思考［J］. 新华文摘，（17）：6.

田莉，于江浩，杨滔，2023. 智慧人居环境理论模型与应用探索——复杂系统视角［J］. 城市规划，47（12）：78-88.

王旺平，2013. 中国城镇住房政策体系研究［D］. 天津：南开大学.

吴良镛，2001. 人居环境科学的探索［J］. 规划师，（6）：5-8.

自然资源部智慧人居环境与空间规划治理技术创新中心团队，田莉，杨滔，等，2023. 智慧人居环境规划治理的研究方向与应用展望［J］. 城市规划，47（7）：4-11.

闫曼娇，陈利根，兰民均，2022. 供需系统视角下北京市集体土地建设租赁住房政策效果仿真研究［J］. 中国土地科学，36（2）：63-72.

赵佳佳，2021. 当代科学主体认知范式的复杂性转向：基于埃德加·莫兰的复杂性思想［J］. 系统科学学报，29（1）：8-13.

郑生钦，徐可，2018. 基于系统动力学的住房租赁市场多主体协同演化仿真分析［J］. 工程管理学报，32（6）：149-154.

朱婧，孙新章，何正，2018. SDGs框架下中国可持续发展评价指标研究[J]. 中国人口·资源与环境，28（21）：9-18.

ALBERT D S, Czerwinski T J, 1997. Complexity, global politics, and national security［M］. Washington，DC：National Defense University：3-28.

ARTHUR W B, 2009. Complexity and the Economy［M］. Handbook of research on complexity. Edward Elgar Publishing.

ARTHUR W B, 2018. The economy as an evolving complex system Ⅱ［M］. CRC Press.

ARTHUR W B, 2021. Foundations of complexity economics［J］. Nature Reviews Physics，3（2）：136-145.

FLOOD R L, 1987. Complexity：a definition by construction of a conceptual framework［J］. Systems Research，4（3）：177-185.

HIDALGO C A, 2021. Economic complexity theory and applications［J］. Nature Reviews Physics，3（2）：92-113.

HOLLAND J H, 1996. Hidden order：how adaptation builds complexity［M］. New York：Addison Wesley Longman Publishing Co. Inc.；33-36.

HOPKINS L D, 2001. Urban development：the logic of making plans［M］. Island Press.

SU Y, GAO W, Guan D, 2019. Integrated assessment and scenarios simulation of water security system in Japan［J］. Science of The Total Environment，671：1269-1281.

JACKSON M C, 2016. Systems thinking：creative holism for managers［M］. John Wiley & Sons，Inc.

KAUFFMAN S，Levin S，1987. Towards a general theory of adaptive walks on rugged landscapes［J］. Journal of Theoretical Biology，128（1）：11-45.

MAY R M, 1972. Will a large complex system be stable?［J］. Nature，238（5364）：413-414.

MILLER J H，Page S E，2007. Social science in between，from complex adaptive systems：an introduction to computational models of social life［J］. Introductory Chapters.

MORIN E，Bergadá D，1978. El paradigma perdido：el paraíso olvidado［M］. Kairós.

MÉZARD M，Parisi G，Virasoro M A，1987. Spin glass theory and beyond：an introduction to the replica method and its applications［M］. World Scientific Publishing Company.

OSTROM E，2009. A general framework for analyzing sustainability of social-ecological systems［J］. Science，325（5939）：419-422.

PRIGOGINE I，Stengers I，1984. Order out of chaos：man's new dialogue with nature［M］. New York：Bantam Book，Inc.

STOUFFER R J，Manabe S，1999. Response of a coupled ocean–atmosphere model to increasing atmospheric carbon dioxide：sensitivity to the rate of increase［J］. Journal of Climate，12（8）：2224-2237.

SOLÉ R V，Goodwin B C，2000. Signs of life：how complexity pervades biology［M］. New York：Basic books.

WATTS D J，2004. The "new" science of networks［J］. Annu. Rev. Sociol，30：243-270.

第三章
人居环境数智化构建

一、导读

人居环境数智化是智慧人居环境建构的第一步，将运用数字孪生等技术在虚拟环境之中建构传统人居环境的"镜像世界"，推动现实人居环境五大系统与虚拟环境相互映射交融。这不仅将为物理世界、人文世界、数字世界的智能交互提供基础性支撑，而且将为人居环境空间规划与治理提供底数、底板、底线的关键技术支持。人居环境作为虚实交融的复杂系统，其子系统之间以非线性的方式产生难以预测的多重交互和多元协同，并跨越多层网络和多重尺度进行自适应、自组织，从而加速了智慧人居环境复杂系统的新属性、新模式、新场景的不断涌现。因此，人居环境数智化建构本身也是一项系统性工程，集成物联感知、云计算、仿真模拟、人工智能、大数据等多种新兴技术，力图实时"镜像"人居环境，并加速其规划与治理运行机制的迭代与优化（图3-1）。

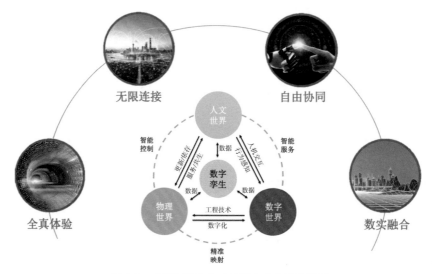

图 3-1　人居环境复杂系统数字孪生四大原则

来源：腾讯云

　　本章将面向智慧人居环境规划与治理的复杂性和不确定性，从通用性技术角度探讨规划与治理过程对于人居环境感知、认知、决策、行动等方面的数字化与智能化技术支撑。依托数字孪生技术，人居环境的感知对应于数据汇聚及其与真实人居环境的映射关系建立，其数据不仅仅是跨行业静态数据的归集，而且是全域感知、全时感知数据的整合，共同建构起基于数字孪生体的时空数智化底座。基于大规模云计算中心与临时性边缘计算（edge computing）相结合的协同计算能力，人居环境的认知对应于实时空间计算，解决空间规划与治理中要素资源的空间动态匹配问题，使得我们对人居环境的时空感知更为精准。基于百万级的仿真智能体以及人工智能技术，人居环境的决策对应于大规模与高精度仿真模拟，实现对真实人居环境的实时快速仿真推演，强调多维度、多事件、多条件的"即插即用"，推动规划治理一体化的新拓展。借助沉浸式远程交互与扩展现实等高精尖技术，人居环境的行动对应全真互联，拓展人与物、人与人、物与物之间的互联通道，加速时空维度上要素资源之间的解耦与重新耦合，创新出新的时空场景，助力"人民城市人民建"的规划治理新模式。

　　本章将强调人居环境规划治理场景的驱动作用，以此带动场景再解耦、数据再重组、计算再学习、仿真再迭代、互联再耦合，最终孕育出数智化的未来规划与治理场景，并形成下一轮数据、计算、仿真、互联的再循环及其场景迭代升级（秦潇雨 等，2021）。对此，本章将围绕相关的典型实践案例，进一步阐述以上关键技术的适用范畴与应用效果；基于此，展望人居环境数智化建构的业务价值与未来趋势（图 3-2）。

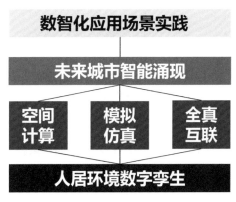

图 3-2　本章内容框架

来源：作者自绘

二、人居环境数智化技术体系

人居环境数智化技术体系是基于数字孪生的技术集成域。数字孪生已不仅仅是多种单一技术的简单集成，而需要将多元技术深度融合，包括人工智能、实时计算、仿真推演、数据驱动、知识图谱、泛在连接、全真映射等（图3-3）。例如：我们需要通过人工智能，实时感知和语义化所有物理世界中的动态要素，并通过实时计算，将动态要素与大规模静态要素进行毫秒级空间运算分析；我们还需要通过数据驱动的渲染技术，让不可见的计算结果可以被看见、看懂；我们甚至还需要通过实时在线的仿真推演技术，基于实时动态数据，即时模拟未来可能发生的情况，并给出预测结果，为人居环境数智化的业务提供指导。只有通过多种技术的深度融合，才能实现业务的闭环，让数字孪生在人居环境中真正发挥业务和数据价值。

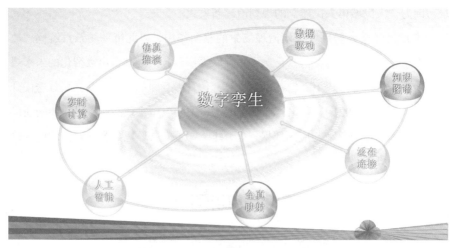

图3-3　数字孪生相关数智化技术基础

来源：腾讯云

基于近些年的产业探索与实践，智能化的数字孪生体已逐渐成为一个可以进化的生命体——孪生体和孪生对象就像DNA中的两条脱氧核苷酸链，他们共同构成了生命体最核心的部分，而数字孪生核心要做的，就是通过人工智能、实时计算、仿真推演等技术的深度融合，让这个生命体可见、可算、可管、可控、可迭代、可进化。

"见"是基础——通过数字孪生，让我们用上帝视角去观察孪生对象，才能更理性地思考；"算"是前提——通过数字孪生，让孪生对象可度量、可分析，才能更科学、高效地决策判断；"管"是手段——通过数字孪生，我们可以洞悉孪生对象的过去、现在和未来，才能更好地进化；"控"是方法——通过数字孪生，我们可以从全局掌控孪生对象，才能让它更好地迭代生长（图3-4）。

图3-4　人居环境数智化技术体系

来源：腾讯云

（一）人居环境数字孪生

人居环境数智化的数字底座须通过数字孪生技术得以构建。数字孪生是一种旨在精确反映有特定目标物理系统的模型。孪生体与对应系统之间共享输入与输出信息。物理系统可与其孪生系统协同工作，孪生系统可以传递信息，控制、协助和增强原系统。人类正在以愈加精细和逼近现实的方式使用数字孪生模型表示复杂系统的物理结构，如人居环境和人类活动等（Caldarelli et al.，2023）。

人居环境的数字孪生主要是通过空间构造、物联感知和数据融合的相关技术，使用模型数字化过程，实现对物理世界的孪生再现。数字孪生的构建基础是数据，即对城市大量多源的实时大数据的采集和集成。因此，全面数字化是数字孪生城市的基底，通过建立全域感知与全时感知的数据、归集，将自然空间、社会精神空间和网络虚拟空间融合，生成城市全域数字虚拟映像空间，并利用人工智能信息处理技术，形成虚实完全融合的孪生城市体，为在孪生空间中进行建模、仿真、演化、操控等城市运行和管理行为提供服务（图3-5）。

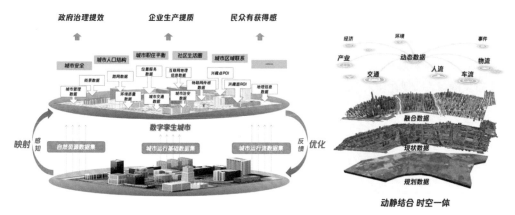

图 3-5　人居环境数字孪生时空一体化

来源：腾讯云

　　实现城市空间的数字化，无法基于传统的完全局限于计算机模拟环境中的计算机辅助设计实现，也无法仅依赖以传感器为基础并局限于静态检测的物联网解决方案。城市信息模型（CIM）是数字孪生城市的基本技术，城市和建筑空间的数字化也是数字孪生城市的基础工作。CIM 本质上并不是单纯的技术工具，而是一种基于空间数据的工作方法和空间数据驱动的工作流程，是对各尺度人居环境资源要素的描述和统筹工具。如果说智慧城市本质上是基于计算与连接，使城市设施与服务更高效匹配人的需求，绝大多数资源匹配的核心问题都是在城市和建筑空间约束下的计算求解。从城市的教育医疗设施，到室内的能源环境控制，都是类似的逻辑。所以说，空间数字化并不是目的，而是实现空间可计算的前提条件（王鹏 等，2022）。

　　人居环境的数字孪生底座以空间数字化为载体，通过标准化的数据模型，深度融合人、物、空间三大核心要素及关系，全面集成人流、物流、信息流等时空大数据，实现空间数据（基础地理信息数据、自然资源调查监测数据、自然资源管理数据、遥感数据等）、城市运行流数据〔IoT 数据、LBS（Location Based Services，位置服务）数据等〕和社会经济数据的完整融合，构建以可感知、可计算、可预测、可操控的数字孪生体为核心的空间数字化底座，实现空间全要素数字化和虚拟化、空间运行状态实时化和可视化，以及管理决策协同化和智能化。

（二）实时孪生空间计算

将人居环境理解为一个可计算的复杂有机系统时，可计算能力无疑成为洞察这个网络系统运行规律的有效规律（Batty，2019）。人居环境的全生命周期在数字孪生世界中可以生长出全流程的空间计算应用。从单维的静态空间分析到要素日益丰富的实时孪生全要素空间可计算，是时空大数据从单一系统应用到跨平台、跨组织流动的过程，也是让数据在流动中产生基于数字化的新业务模式和新商业模式的过程。

在信息频度和空间精度都较低的时代和空间，或者说地图上的空间计算可以满足连接人和物的需求，尤其是与固定空间高度耦合的物或者时空行为相对简单的人，传统的基于矢量拓扑关系的 GIS 和 BIM 都是这种典型的低维时空数据平台。凯文林奇提出了城市设计五要素——道路（path）、边界（edge）、区域（district）、节点（node）、地标（landmark），用来描述传统的静态城市空间（Lynch，1960），这些也是 GIS、空间句法等传统的空间分析和计算工具的基本要素。以往的规划设计方法往往只能描述和调整静态的空间关系，很难涉及各子系统的核心运行逻辑。未来城市各系统运行状态的描述与供需匹配计算是比三维实体空间更为复杂的"流、场和网"等动态系统（Batty，2013）。随着海量的人和物在空间中高频、动态的行为可以被物联网采集，并通过时空计算来动态匹配供需，物理和社会资源，尤其是最稀缺的空间资源实际上是在时空维度大幅扩展了。物质与能量及其时空信息，变成了大量可以描述和计算的时空流（flow），类似属性的流集结而成场（field），交织而成为网（network），形成了一套新的描述时空属性的特征维度，也衍生出新的时空数据平台和城市计算引擎架构，在数据结构、系统架构、算法类型上都与传统的静态空间平台有很大的差异。

随着系统科学的发展，各类城市模型被发明用于揭示城市系统的复杂性，被看作是检验规划设想的手段，而数字信息模型的构建被视为能够预测城市未来的可靠方法。随着云计算、大数据、虚拟现实、人工智能等先进技术的应用，空间计算的技术支持手段也越来越丰富。当前，CIM 已成为基于建筑信息模型、地理信息系统、物联网等技术，融合城市多维信息模型数据和城市各类感知数据，形成包含三维数字空间的城市信息有机综合体，辅助智能规划、建设和管理城市的技术体系。物联感知设施和城市级物联网平台为城市部件远程控制提供了入口，自动驾驶、视频监控等对海量数据汇聚和实时数据处理的需求向城市云网资源提出了更高要求，5G网络、窄带泛在感知网、全光网络等网络设施为万物互联提供通道，多级数据存储中心、云数据中心满足全域全量数据存储的需要，高性能计算、分布式计算等先进计算设施将为"全生命周期"的写实提供高效可靠的算力保障，大规模云计算中心与临时性边缘计算（edge computing）相结合的协同计算将成为高效响应的新模式（王鹏 等，2022）。

人居环境的时空计算的本质在于动静一体化的深度数据融合与计算，静态数据是基础，好比我们身体的骨架和筋络，包括地理信息、路网、路侧设施、感知设备等；动态数据则好比我们身体里的血液，包括人流、车流、事件、活动等。骨架和经络提供了血液运行的环境，血液运行于骨架之中，进一步滋养骨架，只有将动态数据与静态数据进行深度融合，才能实现人居环境的实时空间计算。

空间实时计算可提供空间感知、空间计算、空间解析、空间搜索等能力，可支持在车辆行驶、无人机飞行等高速动态变化场景下的毫秒级时空计算，为高速安全运营、车路协同、无人机配送等场景保驾护航。同时，通过自动化语义解析、空间自动化抽壳、空间索引等算法，可支持PB级大规模静态空间场景数据的计算，并支持秒级计算结果输出，为城市级的空间数据挖掘，如城市应急、城市交通管控等场景提供强力支撑。

（三）人居环境模拟仿真

数字孪生是对物理世界时空维度的"全息化"重构，是从宏观到微观的多尺度融合，是多要素的叠加，是将物理世界变为可感知、可计算、可交互的基础。大规模、多尺度的数字孪生可视化与仿真分析将成为城市、工业、交通等多类行业的共性需求，但由于物理世界的连续性和复杂性，例如地理空间、数据科学、生物医药等跨越多个时间和空间尺度，全息精细地刻画和模拟仿真此类问题或系统均面临很多挑战。多尺度建模、分布式高性能计算成为解决此类问题必备的技术，同时随着数据驱动的机器学习方法的发展，以及物联网技术使得更多的物理要素实现数字化，融合机器学习、多尺度建模以及分布式计算技术，为解决大规模、多尺度数字孪生的建模、仿真模拟和可视化提供了无约束创新的潜力，也为系统自身可持续进化提供了无限可能（腾讯，腾讯研究院，2022）。

仿真模拟是研究复杂系统的重要工具。实时仿真平台可提供通用的分布式并行仿真能力、开放的仿真模型集成能力及基于实时数据输入的实时在线校准能力，可快速准确进行仿真计算，精准预测未来，仿真一致性可达99.9%。平台还提供百万级的仿真智能体，可在实时仿真过程中即插即用，实现多维度、多事件、多条件的快速仿真推演；同时，平台可支持1万以上的仿真节点同时并发，为超大规模的场景仿真及多维度、多事件、多条件的并行仿真提供强力支撑。例如，腾讯交通仿真平台是在人、车、路、地、物数据底座的基础上搭建的一套同时支持中观和微观的仿真平台。通过监测和预测道路点段实时交通运行状态，协助交通管理者全面掌握路网交通状态，从而定位和预测拥堵，进而解决拥堵。平台面向交通管控、交通治理应用场景，提供全路网运行实时仿真还原、提前拥堵仿真预测、提前预防主动管控、诱导预案辅助决策、路口管理及单路口信控方案实时推荐等多个使用场景。助力客户提前发现拥堵，精准制定方案，高效完成决策。

此外，在自动驾驶领域的实践中，通过实时仿真平台为客户搭建的在线自动驾驶仿真训练场景，可帮助客户降低90%以上的训练成本，并通过动态随机加入各类异常事件，实现了在实际路测无法训练的异常场景，为无人驾驶、安全驾驶保驾护航。

（四）人居环境全真互联

人居环境的演进伴随着数字科技的爆发正在发生深刻变革，数字世界和现实世界正在以全新的链接方式跨越时间和空间，通往全真互联的时代。伴随着音视频、数字孪生、远程交互、扩展现实、人工智能、区块链、云计算等主流技术的逐步成熟发展与广泛应用，数字世界和真实世界之间的连接变得更加紧密，人与万物之间的交互体验更加真实，各个领域之间的信息交流更加无阻，这将为人居环境数智化提供新的解决方案，带来新的应用场景。

全真互联是通过多种终端和形式，实现对真实世界全面感知、连接、交互的一系列技术集合与数实融合创新模式。其中，数字孪生是全真互联的核心技术，数字孪生作为一项综合性的技术应用形式，是全真互联的核心基石，将为全真互联提供物理世界的还原、连接、反馈、控制等能力。数字孪生为人、物、环境创建全真还原的数字孪生体，让数字世界和真实世界相互连接、映射耦合，实现数实世界之间的实时同步和相互反馈，是全真互联实现数实融合的呈现形态。同时，AI 赋能下，数字孪生体的自主分析和决策能力将得到拓展；物理实体和数实孪生体两者之间的映射、连接与交互更能形成一套双向反馈的完整闭环体系。在人居环境复杂的规划、建设、管理领域，数字孪生可以帮助降低管理成本和决策难度，高效作用于人居环境的真实世界（腾讯，埃森哲，2023）。

3D 引擎技术将与 AI 融合发展，持续提高生成效率、使用便捷性、功能丰富性，并降低使用门槛。AI 优化下的 3D 引擎及工具链能够自动生成数字孪生体，更好地支持沉浸式数字环境和拟人化数字人的塑造。比如，腾讯基于自研三维重建算法和腾讯地图数据沉淀，可以在一天内完成一座超过 2400km^2 的大型城市全景三维自动化重建，让城市级数字孪生场景的低成本构建成为现实。其可视化引擎可提供基于多引擎、多平台、全场景、云渲染的动静结合、二三维一体化的数据可视化渲染能力，可实现实时数据驱动的可视化展示，毫秒级还原动态场景，如高速行驶的车辆轨迹跟踪、无人机飞行姿态还原、机械臂工作形态捕捉等。

在信息时代，我们需要通过数据和计算更加高效地连接供需双方，实现更精准的匹配，使有限的存量资源能发挥更大的效率。如果说互联网时代解决的主要问题是对人的连接，物联网时代解决的主要问题是对物的连接，而人与物的连接之后，会是人和物体与空间容器的连接，形成新的"时空场景"，然后通过时空算法精确匹配各种资源及供需关系。这里的核心底层创新是基于时空的人工智能（spatio-temporal AI），以时空化治理和融合多源异构数据，结合知识工程和 AI 算法的智能化分析，进行知识挖掘和决策辅助。在数字技术影响下，城市中各子系统演进的一种趋势是，功能、设施、服务与固定的空间解耦，并通过数字纽带的连接和计算，在时空维度上重新耦合，并与人的动态需求高频匹配，创造出无数新的商业模式。共享单车、网约车、快递外卖等，都是典型的时空资源动态匹配场景，设施和服务的需求和供给都是动态变化的，需要的是高频动态的连接与计算能力。更进一步的，则是空间功能与实体空间解耦，并通过装配式建造、智能传感器等实现空间、功能与用户需求的动态匹配（王鹏，付佳明，2022：72）。

（五）未来城市智能涌现

未来人居环境数智化的演化并非单纯通过技术推演而来，而是通过海量智能体的集体实践创造出多重涌现。随着数字技术的进一步发展，城市将发生更深层次的空间变革，并体现于人与人、人与物、人与时空的网络关系和宏观、中观、微观的多层因果关系中。复杂系统是其组成元素以非线性方式相互作用和相互适应的系统，通常跨越多个网络和尺度进行自组织，这通常会导致新系统属性的涌现（Caldarelli，2023）。

人居环境作为一个系统呈现出多层网络的结构，其产生的涌现特征可以体现为不同的交互层，例如空间规划、公共治理、智慧交通、智慧出行等层面。人居环境时空推理与决策技术体系，以时空大数据资产为支撑，建立在数字孪生底座之上的时序、多维、高阶的特征向量和时空知识决策模型，提供定位—评估、归因、优化一体化可解释、可归因的端到端决策分析，为时空数据与多元数据叠加融合、业务应用分析提供模型资产支撑和智能决策支持。

对于人居环境复杂系统的时空智能应用将会成为泛在的技术趋势。时空智能预测技术通过挖掘时空数据中的海量语义信息，构建反映时空变量间关系的模型，对地理空间属性值或专题属性值进行估计并预测事物变化和发展的趋势。包括时空语义信息提取、时空演化规律挖掘、预测与预警（腾讯研究院，2022）。面向智慧空间治理需求，结合业务场景构建 AI 算法与 AI 工具双轮驱动的全栈式人工智能开发服务平台，致力于打通包含从数据获取、数据处理、算法构建、模型训练、模型评估、模型部署到 AI 应用开发的全流程链路，快速创建和部署城市 AI 应用。AI 开发全流程支持，提供从数据标注、数据处理、模型训练、自动学习、模型评估到模型发布部署的全流程支持；提供模型优化、服务管理、应用服务编排、云边端调度等功能，快速接入模型、数据和智能设备，从而构建智能应用。

在智慧交通领域，数字孪生技术赋能智慧城市基础设施与智能网联汽车协同发展。随着智能网联汽车等新型智能终端融入城市，物理实体终端与城市基础设施、数字虚拟城市产生了颠覆性的涌现。基于 5G 智能网联的车路云网人泛在连接一方面使得交通实时数字孪生可以获得更实时、更精确的交通流数据；另一方面，在数字空间的优化决策指令可以通过 5G、C–V2X 的实时连接通道反馈赋能智能网联车辆、智能终端，从而改善交通运行状况，促进交通安全。交通实时数字孪生的构建也包括全息融合感知、实时时空计算、高精度孪生渲染、交通仿真推演（刘思杨，张云飞，2023）。

人居环境复杂系统成倍放大的随机性、涌现性会给试图发现规律和预测未来的数学模型带来难以估量的挑战。即使我们已经具备来自互联网与物联网的多源海量数据、基于云计算的高性能算力和基于大模型的 AI 技术，对高维系统具备了一定的抽象和模式识别能力，甚至可以在一定程度上实现数字孪生系统的自学习和自适应，未来人居环境的演变依然具有无穷的可扩展性。

三、数智化应用场景实践

在智慧规划和数字化治理领域，数字技术正在各种尺度的空间场景中涌现。通过数字孪生、空间计算、深度学习、时空知识图谱技术等，结合各部门业务应用需求，建立基于数字孪生底座的时空智能应用，在城市、园区、社区、建筑、交通等细分领域构建"可感知、能学习、善治理、自适应"的数智化系统。下文将以在广东省、深圳市开展的相关工作为例，展开介绍人居环境数智化应用场景的实践案例。

（一）广东省土地调查规划院国土空间规划"一张图"建设

为更好地辅助空间规划，2021 年，腾讯为广东省土地调查规划院打造广东省人口大数据及规划三维可视化平台（图 3-6），开展人口和土地利用变化趋势研究。采用先进、开放的城市空间数字底座作为技术平台，依托平台构建国土空间规划"一张图"系统建设，助力广东省土地调查规划院各领域智慧应用，为广东省规划院智慧城市建设提供稳定、高效的三维数据底座，助力提升广东省国土空间治理体系和治理能力现代化水平。

运用大数据协助平衡"人口数据和土地利用"矛盾。腾讯位置大数据基于

图 3-6　广东省人口大数据及规划三维可视化平台
来源：腾讯云

多年积累的数据挖掘、机器学习能力，在最大限度还原真实场景的同时，具备丰富、强大的分析能力，支持提供精准、稳定的统计结果。通过对人口大数据进行分析，研究发现每种土地利用类型都有其独特的人口密度变化模式。此外，城市居民活动轨迹和城市土地利用类型之间相互影响、密切相关，存在着可再现的城市居民行为移动模式，因此可对人口大数据进行信息分割，通过用户主动上报的信息流数据，建立人口与土地利用关系模型，根据特定时间内人们的活动地点推断城市功能，对城市土地利用及土地覆盖类型，尤其是不同建筑类型的分类具有重要意义。

"广东省人口大数据及规划三维可视化平台"具备以下四大关键技术能力。

①海量多源异构数据融合：平台海量多源异构数据快速融合的强大能力，为广东省国土空间数据底板的建设提供有力支撑，打通数据链路，实现多源数据的应用和分析以及信息的汇聚、共享和交换。平台可全面兼容各类三维数据，从数据格式看，支持融合空间地理数据（GIS）、工程数据（BIM）、手工 Max 模型数据、倾斜摄影模型数据、点云数据、视频图像数据、IoT 专题数据等多种数据格式在统一的坐标系下无缝融合。从业务范畴看，支持融合汇聚涵盖土地、矿产、海洋、自然保护区，以及交通、水利、历史文化保护、地质灾害防治、环境监测等各类数据，为全省各级国土空间规划编制和监督实施提供坚实的数据基础。

② 城市级模型轻量化：轻量化的模型能提供秒级加载体验，通过支持 OGC、IFC、I3S 等数据标准以及主流 BIM/GIS 等软件，如 ArcGIS、Revit、Microstation、CATIA、PDMS 等几十种数据格式的 BIM 数据转换及轻量化，解决海量、大体量空间数据"跑不动"的难题，实现城市海量、大体量三维模型的"秒级体验"（图 3-7）。平台在保障数据精度的前提下，实现几何、属性、纹理等全要素信息的转换；支持多线程技术＋分布式处理技术，大大提升处理效率；实现海量三维数据的轻量化处理，解决 GIS+BIM 在海量数据承载和展示方面的效率问题；提供桌面工具和云服务的转换方法，满足不同的业务应用场景。

图 3-7　广东省人口大数据及规划三维可视化平台

来源：腾讯云

③ 高逼真多端实时渲染：支持大屏端、Web 端、移动端、Pad 端等多种终端设备，基于高逼真渲染引擎，打造影视级城市三维场景，集宏观微观、地上地下、室内室外一体化表达的 CIM 全息城市空间，搭建全要素全息可视化平台，实现全要素级高逼真渲染、多模式可视化交互，让用户和决策参与者身临其境。

④ 二三维一体化数据分析，赋能国土空间规划：基于国土空间规划的二三维一体化展示的应用需求，平台支持规划模型的二维场景与三维场景进行动态切换，并支持伴随展示对应的二三维空间信息。支持随着视角位置的空间移动，在二维平面中也标识出空间位置，支持点击二维平面中的点位查看对应位置的三维

模型。未来，人口将进一步向城市集中，城市土地的稀缺性将进一步凸显，土地、人口等在一个平台统一管理，科学规划和配置显得越发重要，腾讯将发挥产业互联网的技术和连接能力，助力国土空间规划"一张图"建设。

（二）深圳市 CIM 城市规划设计数字化平台

腾讯数字孪生产品部携手深圳市规划和自然资源局打造基于 CIM（城市信息模型）的规划设计数字化平台，平台以城市设计业务为始点，充分梳理业务各环节间的不同用户群体需求。在平台建设方面，具体包括规划设计数字管控系统、规划设计辅助决策系统、城市规划设计云坊系统、规划设计公众参与系统和试点区域城市信息模型构建五部分工作，从而为设计方、建设方、管理方、市民提供全方位互动平台，助力深圳市规划和自然资源局数字化转型。

① 规划设计云坊系统（图 3-8）：城市规划设计云坊系统面向设计方，融合多源规划所需数据，提供统一数据底板作为权威数据使用场景，并提供规划设计方案校核审查、指标检测、方案城市场景模拟等功能，辅助设计师对指标的正确性进行判断。支持多种移动端可视化展示，通过网页端、手机客户端等轻量级方式，实现项目汇报的全景化、动态化、数据化、协同化。

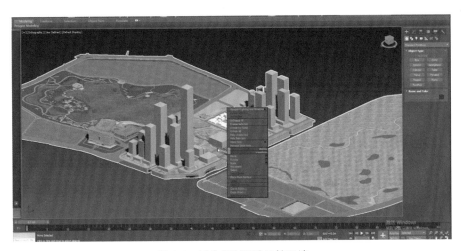

图 3-8　城市规划设计云坊系统

来源：腾讯云

② 规划设计辅助决策系统（图 3-9）：规划设计辅助决策系统为管理人员创造了一个数字化、精准化、高效综合的工作环境，为规划管理部门的刚性研判、报审核查提供辅助性工具，同时也为专家在有限时间进行弹性指导决策提供科学分析工具。以上的数智化工具可以服务多种决策应用场景，例如在宏观辅助决策方面，基于 CIM 大场景进行宏观辅助分析可与总控规、地形图、红线图和现状图等全部相关资源进行叠加分析，最终生成报告。在微观辅助决策层面，基于城市设计方案本身，可对照地方和国家相关规范标准从定性与定量两个角度检测分析，并最终生成报告。此外，还可利用三维空间分析能力开展景观风貌分析，含全景模拟、体量群组关系、视线景观分析、天际线分析、竖向分析、适宜性评价分析，以及开敞度分析、光照分析、光照模拟等一系列与人居环境质量紧密相关的现状分析与设计辅助决策。

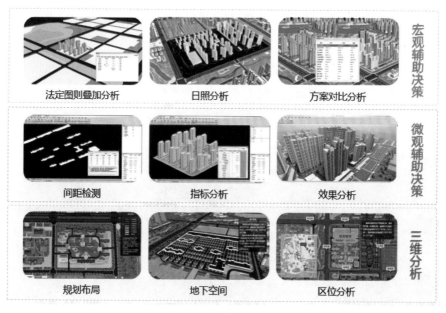

图 3-9　规划设计辅助决策系统

来源：腾讯云

③ 规划设计数字管控系统（图 3-10）：规划设计数字管控系统基于深圳市建筑设计管理文件要求，创新性构建建设工程规划报建指标的数字化体系，从而实现 CAD 图纸规整、自动计算图纸指标、基于 CAD 的三维化等功能。为管理人员提供可实现人机交互的辅助审查工具，将经济技术指标、绿地率、车位、建筑

间距等可供机器审查的部分设计内容交给高效的计算机，从而为管理工作提效提质。该系统为管理部门提供全流程规划数字报建。创建项目后上传CAD图纸，可实现自动计算图纸指标、二维到三维模型的转变及CAD图纸规整等功能，将所有的信息电子化，大幅提升管理人员工作效率。平台还具备建筑设计方案的精细化审查功能，根据CAD图纸导入后生成的三维模型进行分析，经济技术指标、绿地率、车位、建筑间距等系列内容会自动生成检测报告，人机交互方式辅助审查，为工作人员减轻工作负担。

图 3-10　规划设计数字管控系统

来源：腾讯云

④ 规划设计公众参与系统：规划设计公众参与系统为公众参与城市规划设计提供平台，让公众亲临城市设计，为公众开放一个城市视角，搭建对话桥梁，公众可对现状的城市空间进行评议。公众参与系统分为三个模块：第一，城市故事汇，为公众提供开放评议空间，分享生活、工作、游憩、出行的感受；第二，众创规划设计，通过对设计实景图的模拟体验、意见反馈，让公众的设计构想融入城市空间的营造当中；第三，移动规划设计调研，利用移动终端，为公众提供城市空间设计点评、构想功能，为设计者提供参考。

目前，平台已在深圳龙岗大运新城、坂雪岗科技城、前海桂湾片区和香蜜湖片区陆续开展试点。该平台技术可提供规划建设管理全过程的数字化城市设计编制、决策、管理与实施评估应用，从而有效提高城市规划设计效率，提升城市规划设计各参与主体的服务质量与水平，助力空间规划的数字化转型。

四、小结

近年来，我国针对高质量发展需求与未来科技趋势提出了以"数字化""网络化"支撑实现规划、建设、治理全生命周期"智能化"的理念，从多源数据治理、多类模型开发、多样应用场景等角度制定了未来工作任务方向。人居环境数智化过程将极大地提升未来空间治理相关业务水平，并从数据、模型、应用场景等多方面激发未来人居多领域的发展潜力。

在数据层面，数字孪生技术将不断优化人居环境相关数据信息获取、融合、利用等流程中的技术能力与制度建设，推进多源时空数据融合治理。例如，以实景三维中国为空间数据基础，完善自然资源三维立体"一张图"，以此逐步建立健全人居环境多源数据的获取机制；通过对图文、音视频、位置信息等互联网、物联网数据的接入与应用，将极大地提高人居环境监测评估的精细化、动态化水平。

在模型层面，模拟仿真、时空计算、信息平台等建设工作将全面推动未来人居环境的模型体系、算法研发、信息平台和专业大模型的开发应用。利用多种模型来提升对人居环境空间的感知、计算、解析、搜索等能力，以逐步建立智慧人居环境模型体系。与此同时，人居环境数智化建设将持续推动通用人工智能与规划治理大模型之间的高效融合。随着大模型技术的行业普及，模型即服务（MaaS）可有效利用 AI 管理行业知识，运用行业知识图谱灵活适配多数据源、多指标项的需求，加强规划业务管理与人工智能、云计算、大数据、物联网等技术的融合。

在应用层面，越来越多的人居环境数智化应用项目将会实施落地，在防范风险的前提下不断加大人工智能、大数据、云计算、区块链等新技术在人居环境领域的应用力度，在人居环境数智化领域推进通用人工智能发展。基于海量时空大数据的复杂系统空间计算也为人工智能算法集成和人工智能应用融合奠定了基础。随着新一代人工智能技术兴起，通过自动化时空计算工具的辅助，可以在很大程度上提升传统的空间规划与治理的效果和效能。

综上所述，人居环境数智化的技术演进，从数字化到可计算、从静态到动态、从低频到高频、从物理空间到社会空间，最终将实现以时空为载体的全要素展现、全过程管理以及全领域的智能化涌现，体现了"连接时空、连接系统、连接供需、连接智能"的人居环境数智化原则，将实现高效推动人居环境治理体系和治理能力现代化，不断支撑未来多样化的智慧人居应用场景建设。

参考文献

刘思杨，张云飞，2023. 从智能网联 1.0 到智能网联 2.0：面向双智的实时数字孪生城市构建［J］. 电信科学，39（3）：32-44.

秦潇雨，杨滔，2021. 智能城市的新型操作平台展望：基于多层场景学习的城市信息模型平台［J］. 人工智能，（5）：11.

腾讯，埃森哲，2023. 全真互联白皮书［OL］.

腾讯，腾讯研究院，2022. 腾讯数字孪生云白皮书［OL］.

腾讯研究院，2022. 2023 年十大数字科技前沿应用趋势［OL］.

王鹏，付佳明，2022. 从数字孪生到元宇宙［J］. 时代建筑，65（4）：70-73.

BATTY M，2019. Inventing future cities［M］. Cambridge：The MIT Press：41-69.

CALDARELLI G，Arcaute E，Barthelemy M，et al，2023. The role of complexity for digital twins of cities［J］. Nature Computational Science，（3）：374-381.

LYNCH K，1960. The image of the city［M］. Cambridge：The MIT Press：46-91.

第四章
人居空间动态化规划

一、导读

随着我国城镇化进入中后期阶段，一方面，城市发展面临的矛盾和问题趋于复杂化，城市人居空间环境面临的风险挑战日益加剧；另一方面，大数据、移动互联网、人工智能等新技术的发展普及，为提升城市人居空间治理的科学化、高效化、精准化和智能化水平提供了有力支撑。针对新时期复杂多变的人居空间环境问题和高质量发展要求，城市规划工作要遵循整体思维和系统治理观，必须不断改革创新，深入推进更加智能化、精细化、集成化的技术方法体系创新和实践探索，提高应对人居空间环境复杂问题的能力和水平（范冬萍，2020）。

然而，当前实际规划工作过程中仍然普遍存在人居空间问题识别碎片化、处理粗放和响应滞后等问题。具体来说，在人居需求刻画方面，存在多源数据融合难、缺乏人群感知和行为刻画、系统性评估手段不足等问题；在人居空间问题诊断方面，存在要素耦合难量化、严重程度难识别、因果机制难解析等问题；在规划方案制定和规划决策方面，存在多要素整合难、多目标协同难、多情景推演难等问题。

针对城市人居空间环境复杂多变的问题，注重系统治理、综合施策，建立从人居空间需求识别、问题诊断到智能推演的智慧规划关键技术集成体系，强化科学技术体系的系统化支撑，提升空间规划治理的综合效能，具有重要的现实价值和意义。

在第二章的智慧人居环境科学理论的指导下，在第三章的人居环境数智化构建的基础上，本章以满足人民日益增长的美好生活需要作为国土空间规划工作的出发点和落脚点，按照"人居需求精准刻画—人居空间问题诊断—人居空间多情景推演"技术路线，基于多维时空需求对人居空间需求进行动态化刻画，基于多要素耦合开展空间问题动态化诊断，并基于多目标模拟开展动态化推演，构建规划编制全流程技术探索（图 4-1、图 4-2）。在下一章，将进一步探索依托技术平台的技术集成，支撑人居环境精准化治理。

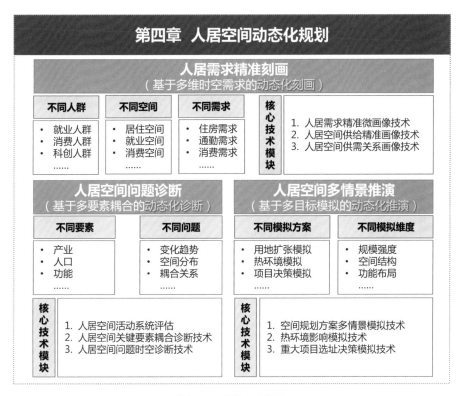

图 4-1　本章内容框架

来源：清华同衡

二、人居需求精准刻画

从"数据融合—认知提取—需求画像"三层次刻画人居需求，实现高精度、高时效、全时相、多尺度、多维度的人口、空间和供需匹配画像，拓展在人居需求研判、要素和资源时空精细化配置等领域的应用场景，为人居需求和空间供给的精准研判、人居空间供需关系的精细化配置提供有力支撑。

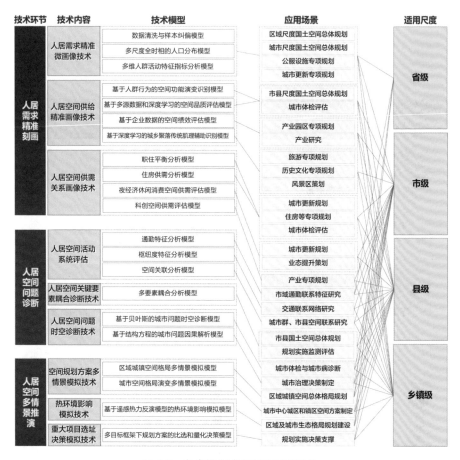

图 4-2　各类技术模型应用场景示意

来源：清华同衡

（一）人居需求精准微画像技术

　　针对人居空间供需缺乏系统识别、应对粗放的问题，融合多源数据，开展真实应用场景导向的人口特征提取及其空间使用精准画像。基于对人口活动特征与其空间使用规律的深刻认识，利用手机信令记录的用户空间轨迹数据首创了高精度、高时效、多维度的人口画像技术，研发了多维指标的设计与算法构建、数据清洗与样本纠偏模型研发、多尺度全时相的技术应用迭代等关键技术，并形成行业技术标准，也实现了广泛推广和应用。

1. 关键技术内容

数据清洗与样本纠偏模型。首次针对手机信令数据噪声与样本量有偏差的问题进行纠偏算法研发。建立规模、时序、空间综合算法对手机信令数据进行质检，有效剔除由于信号漂移等问题产生的数据问题，保障了数据可靠性，数据检验技术已获得专利授权。对于大规模的数据，平台先对数据进行脱敏和不可逆加密处理，从而保障用户隐私权益。针对不同应用场景，一方面将业务信息转移到流日志集群进行实时的处理；另一方面，将已匿名化处理过的数据加密存储到海量数据存储集群中，用于离线的趋势性分析挖掘。同时，针对手机信令采样时空不均匀的问题，引入非概率抽样等统计学方法与 B-Shade 等空间统计算法相结合进行样本纠偏，得到近似全量人口且空间分布准确的常住人口推算结果。

多尺度全时相的人口分布模型。实现了月、日、白天、晚上、小时等精细时间尺度的人口数量测算，针对网格、社区、街道、区县、城市、区域等不同空间尺度进行统计，分析人口年龄、性别、本／外地、消费能力、居住、就业等结构性信息，解读各类人群活动特征。在全国各尺度项目的应用中对指标提取算法进行了基于应用反馈的不断迭代，细化人群定义规则与计算方法。

多维人群活动特征指标分析模型。首次面向人居空间运行场景建立手机信令应用指标体系与数据挖掘技术。构建包括人口规模与结构、职住与通勤、出行与迁移等方面的指标体系，并基于空间驻留规律研发识别规则与匹配算法，实现数据的标准化处理和应用分析。

对于热力图算法。业务信息首先经过异常处理，对噪声数据进行降噪处理。对于自定义边界，建立 KD-Tree 空间索引，提高业务信息归属区域的查询效率。该技术方案主要包括了 2 个主要模块，分别是：①基于 KD-Tree 的变体矩阵切割；②指定边界范围在变体矩阵的数据查找。在完成取样数据筛选之后，构建基于基础数据的匿名化处理技术，并通过密度中心点的快速发现算法，进行热力位置的权重计算。最后，对取样数据关于聚合中心点进行查分存储，减少数据的存储空间，减少网络传输时延，也一定程度上对热力数据进行了加密。

对于人口建模滤波算法。使用卡尔曼滤波对业务信息进行处理，进而达到计算数值能跟随场景灵敏反馈的效果。卡尔曼滤波（Kalman filter）是一种高效率的递归滤波器，它能够从一系列的不完全及包含噪声的测量中，估计动态系统的状态。卡尔曼滤波会根据不同时间下的测量值，计算各时间下的联合分布，再对未知变数进行估计，因此会比只以单一测量值为基础的估计方式更准确。卡尔曼滤波器的操作包括两个阶段：预测与更新。在预测阶段，滤波器使用上一状态的结果，对当前状态进行估计。在更新阶段，滤波器利用对当前状态的观测值优化在预测阶段获得的预测值，以便获得一个更精确的新估计值。卡尔曼滤波器会透过加权平均来更新估计值，确定性越高的测量值加权比重越高。算法是迭代的，可以在实时控制系统中执行，只需要目前的输入测量值、前一次的计算值以及其不确定性矩阵，不需要其他的历史信息。经过以上算法的处理，能将数据进行准确且快速的计算分析，在分钟级完成整体数据计算。

2. 应用场景

国土空间规划编制过程中，"人"作为城市研究的核心要素，对人的精细画像在区域协调、用地布局、设施配置等方面对于国土空间优化和规划方案制定都具有关键作用。

区域尺度国土空间总体规划中，支撑区域要素配置合理统筹。利用手机信令数据的高空间覆盖度优势，大范围识别区域人口要素的集聚与跨区域流动规律，结合空间统计、网络分析等技术手段有效辅助区域人口与城市化现状与发展趋势研判。基于客观数据的量化研究结果，支撑更妥善地处理区域设施一体化建设和资源环境保护中各城镇发展与区域共享的关系，合理统筹综合交通设施、重大公共设施、生态环境等区域资源要素的配置，推动区域协同。

城市尺度国土空间总体规划、公共服务设施或城市更新专项规划中，支撑服务设施精准匹配。结合深度学习算法，预测城市人口规模与结构趋势，为空间要素配置提供依据。一方面，分析人口规模结构与分布，支撑居住、产业等用地布局优化，改善职住关系，缓解市民通勤压力，推进产城融合规划；另一方面，明确人口现状规模、结构与发展趋势，完善社区生活圈建设。基于用户精准画像，更合理地对公共设施供给分级分区。基于分类设施和道路网步行可达性等叠加分析，在更细尺度上完成社区生活圈内供需现状的评估，针对性匹配设施，提升空间品质与居民便利性。此外，通过人口联系现状分析和预测，更有针对性地规划交通模式配置和高效衔接，减轻城市交通负荷，综合改善提升人居环境，提供宜居、宜养、宜业、宜游的高品质空间。

人群热力分析海量定位信息分析，对大型居民活动进行实施监测、安保管控。对指定区域人流进行监看、分析及预测的人流大数据平台，可以帮助使用者高效开展大型客流安保规划，合理制定安保方案，实时观察人员动向，科学调控安保部署、精准预测热力趋势，可用于跨年、庙会等重大活动的安保，也可用于演唱会、体育赛事等场景的人员疏散监测，助力人居环境在安全方面获得更精准全面的保障。

3. 应用实践情况

人居需求精准微画像技术开拓性应用于《中关村人群特征识别与评估》（2016）项目中，后在《2018—2020 年朝阳区人口监测课题》《朝阳区七人普数据与大数据建模研究项目》得到充分迭代优化，在《郑州都市圈发展规划》《广西壮族自治区国土空间规划（2021—2035 年）》等项目中实践应用，目前已形成平台服务推广至 200 多个城市项目中。其中，人口年度—月度—日度等多时相规模预测研发已经获得专利授权，该技术连续三年应用于北京朝阳人口监测项目中，测算全区总人口与区级实际抽样统计常住人口相比，误差仅为 0.8%。

（1）中关村人群特征识别与评估课题

中关村人群特征识别与评估课题中，主要基于手机信令数据，结合老年卡数据、公交 IC 卡数据、出租车 GPS 数据、城市 POI（兴趣点）数据以及传统普查数据，对通勤人群的数量结构、职住通勤（图 4-3，图 4-4）、休闲娱乐特征、老年人的人口结构、消费模式、设施供需特征以及学生的人口结构、分区密度、活动模式特征进行识别分析。课题研发迭代了多维指标设计与算法构建技术、数据清洗与样本纠偏模型，梳理人口与交通问题症结，有针对性地为北京中关村街道制定人口调控政策、缓解交通拥堵压力提供量化依据与政策指引。

（2）动态人口综合监测与评估课题

动态人口综合监测与评估研究课题中，利用七普数据对城区人群空间需求进行了详细刻画分析。在人口总体规模、基础属性结构等特征研判的基础上，对

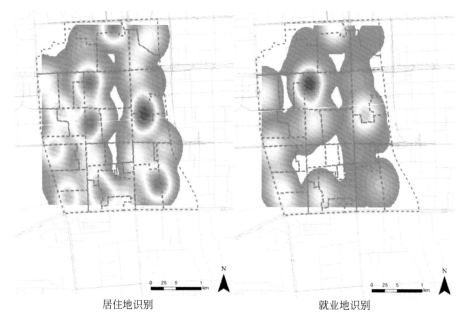

居住地识别   就业地识别

图 4-3　中关村通勤人群居住地、就业地识别

来源：清华同衡《中关村人群活动特征大数据评估调整建议》项目组

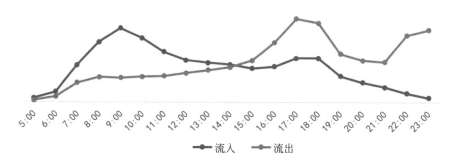

■流入　■流出

图 4-4　中关村通勤人群通勤时间刻画分析

来源：清华同衡《中关村人群活动特征大数据评估调整建议》项目组

人口素质、多元文化、就业住房、外来人口（图 4-5）等精细方面特征进行刻画，分析其衍生空间需求，为人口管理与相关机制建设等提供支撑。例如，针对城区人口长期均衡发展的需求，对外来人口进行分析。通过分析常住外来人口规模、空间分布情况、年龄结构、性别结构、民族结构、受教育程度、流入来源地、流入原因和时间等具体特征，剖析北京朝阳区外来人口特征及空间分布差异，为进一步强化外来人口管理和完善相关机制建设提供基础支撑。

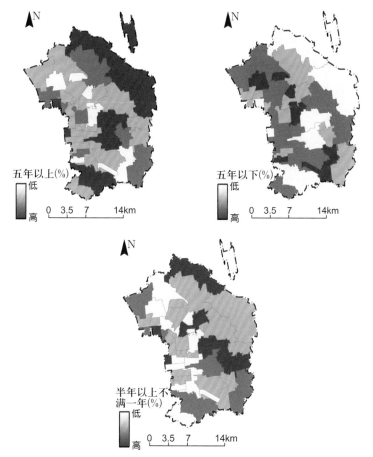

图 4-5　常住外来人口离开户口登记地时间结构空间分布

来源：清华同衡

在"朝阳区动态人口综合监测与评估""朝阳区经济与人口空间关系分布研究""城市绿色智慧一体化管理系统研发及应用""不动产时空大数据集建设与应用关键技术"等项目或课题研究评审中，行业专家认为相关技术在北京、重庆、福州、南京等城市中应用效果显著，研究方法先进、科学，技术领先，论证充分，针对性强，为政策制定提出了具有可操作性的建议。此外，专家认定区域和街乡人口数据研究模型具有开创性，模型分析结果具有较大参考价值，可以作为市、区、街乡管理决策的有力依据，具有全国推广价值。

（3）人群热力安全监测课题

人群热力定位系统目前主要应用于上海市、南京市、广州市、台州市等安全应急管理场景，为各地方的节假日及重要活动提供了安保技术支持，在重大活动的指挥大厅即可实时观测到被关注区域的人员数量及热力分布情况，可以为安保策略的制定提供有效支撑。在广州市结合广州塔（俗称"小蛮腰"）周边精细建筑模型信息，对广州塔周边周末和重要节假日高峰时期的人群分布热力情况进行全局、实时监测，并结合指挥调度系统对于过密人群区域进行调度和安全管控，有效保障了热点景区的人民游览安全和舒适体验。

同时，系统还应用于中南民族大学、成都绿道等其他行业场景，为校园、公园等园区管理人员提供人员数量及热力分布分析功能，帮助其进行科学管理。

（二）人居空间供给精准画像技术

多源数据获取技术和应用方法的成熟使城市研究尺度的细化、功能属性的量化和功能使用主体的行为采集成为可能，利用兴趣点（POI）等反映空间功能数据与手机信令、互联网 LBS 定位等反映空间活动主体行为的数据共同刻画空间画像，实现了对空间尺度精细化、更新动态化的升维刻画。

1. 关键技术内容

基于人群行为的空间功能演变识别模型。叠加手机信令与互联网 LBS、车辆 GPS 数据、互联网文本数据等动态数据，通过不同时段空间使用主体的人群行为差异对空间功能进行动态刻画，提升空间真实功能刻画的精度，支撑各类空间不同时段空间功能演变识别，为提升空间功能定位提供科学支撑（Berry et al.，1988；杨丽君 等，2003；王德 等，2015）。

基于多源数据和深度学习的空间品质评估模型。从城市街道空间品质问题出发，通过对开放的网络平台对现状街景图像进行采集，利用经过训练的深度卷积神经网络模型，从大规模的街景图像中识别出不同的城市特征，再利用图像分割技术处理结果，对街道空间品质进行综合评价，识别空间品质问题。在空间设施服务范围的基础上，完善空间功能评价指标体系，拓展了公共设施服务规模、密度、服务水平、覆盖能力、多样性、满意度等分析维度；并建立"选择度指数"测度方法，有效地辅助设施配套水平的精准认知与供给决策。

基于企业数据的空间绩效评估模型。分析企业数量、类型、空间分布等特征，通过熵值计算与地理加权回归等算法识别产业空间优势度与集群度，并将社会网络分析算法用于联系分析，结合专利等创新效益情况，从规模优势、结构优势、投资吸引、创新产出等多维度评估产业空间绩效。

基于深度学习的城乡聚落传统肌理辅助识别模型。传统肌理的识别是城乡聚落遗产资源发掘、评估、监测等保护工作的基础。通过高分辨率遥感影像的批量获取，建立全国传统肌理基因样本库，运用深度学习技术和计算机视觉技术，实现城乡聚落遗产传统肌理的快速自动化辅助识别。在此基础上，建立省份细粒度传统肌理基因样本库，以增加地域传统肌理识别的准确性，解决了传统肌理人工识别方法成本较高、标准不统一等问题，大大提高了全域大批量聚落遗产传统肌理的识别效率，有助于支撑全域聚落遗产现状的评估，为保护利用政策的制定、潜在资源的挖掘和部门动态监督管理提供技术赋能。

2. 应用场景

国土空间规划编制和规划分析过程中，空间的功能演变识别、品质和绩效评估及传统肌理识别，对于优化空间利用、提升空间效益、传承空间文化都具有关键作用。

国土空间总体规划中，支撑城市体检评估和空间要素统筹。利用人群分布和空间利用、互联网语义等相关数据资源，识别城市中不同类型空间的分时应用功能，精细评估公共服务设施的配套水平和服务品质，精准识别现状问题，为有针对性地提出空间功能优化方案、设施配置和提升方案提供科学支撑。

产业园区或旅游等专项规划中，支撑现状评估诊断和发展方向策划。应用企业、创新等大数据和网络分析、图谱分析等先进算法，评估园区产业发展现状、识别短板和问题，精准锚定产业发展定位，预测产业发展前景，研判发展空间需求，为产业园区策划和空间一体化规划提供科学支撑。应用高精度遥感影像和城乡聚落传统肌理识别智能算法等，挖掘地域传统肌理，评估地区项目优势类型和投资方向，为旅游规划、历史文化保护和风景区规划策划提供参考依据。

3. 应用实践情况

人居空间供给精准画像技术在《基于多源数据朝阳生活服务设施评估研究》

《首都城市功能空间格局变迁研究》等课题中得到应用，并在多个城市体检与规划项目中为识别空间功能品质与功能演变提供技术支撑。

（1）基于多源数据的朝阳区生活服务设施评估研究

在基于多源数据的朝阳区生活服务设施评估研究中，研发并迭代了基于多源数据的空间品质评估技术，对包括综合体、购物中心、百货商场等在内的综合类设施以及包括超市、便利店、蔬菜零售店、早餐店等在内的便民类设施进行服务水平评估（图4-6）。例如，便民类设施的分析中，利用社会大数据对各类设施

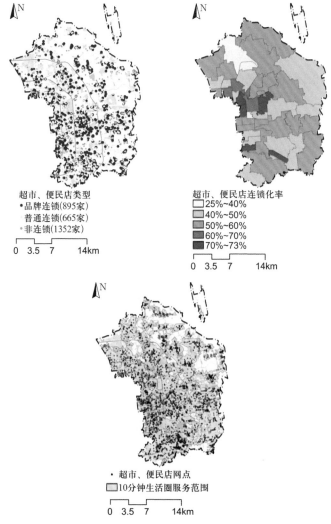

图4-6　超市、便民店连锁网点分布、连锁化率与生活圈服务范围

来源：清华同衡《基于多源数据朝阳生活服务设施评估研究》项目组

进行数量统计与连锁化程度分析，并识别各类设施服务人口，为商务部门优化便民设施布局、提升便民设施品质提供决策依据。

（2）杭州市慢行空间品质评估

通过开放的网络平台对现状街景图像进行采集，采用深度卷积神经网络（SegNet）提取街景图片内容，构建路段骑行环境的舒适度与安全性指标。再融合共享单车、公共交通、设施、手机、三维建筑等五大类数据，构建路段骑行吸引力模型，评估慢行空间品质及其影响因素（图 4-7）。根据分析结果，识别慢

街景图像的采集和语义识别

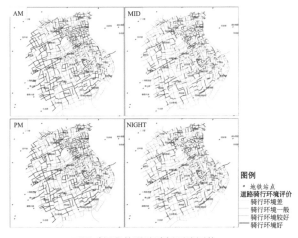

不同时间段的道路骑行环境评价

图 4-7　基于街景大数据深度学习技术的慢行空间品质评估

来源：清华同衡

行空间中存在的问题，进而有针对性地提出规划方向，生成建议的规划方案。例如，城市休闲绿道应尽量基于现有骑行环境好的路段，可有效节省道路环境改造成本，同时结合现状骑行环境综合评分累加值高的路段建设绿道，也能保证居民骑行体验达到最佳。此项评估工具是国土空间规划体检评估中"生态宜居"指标的重要工具，保障了体检成果的科学性与全面性。

（三）人居空间供需关系画像技术

在人口活动与空间特征精准刻画的基础上，探索人、地、产等空间供需特征匹配计算模型，识别人居空间环境供需关系，为空间功能优化和业态布局、设施配置提供支撑。

1. 关键技术内容

职住平衡分析模型。基于手机信令、产业、互联网小区房价、建筑年代、POI 等数据，识别城市主要就业组团，评估其职住水平，从就业岗位、产业结构、住房供给与条件、住房配套等方面开展就业组团职住失衡归因分析，针对各组团提出职住改善措施建议。

住房供需分析模型。综合理论研究以及城市住房的特定需求，构建城市住房供需均衡评估的逻辑体系，定义住房供需均衡指数对住房供需均衡度进行画像。基于住房供需均衡度画像结果，分别从供给侧（土地供应面积、容积率、房屋竣工量、房价等）和需求侧（需求人口、交通配套、公共服务设施配套等）建立住房均衡度影响因素指标体系，利用大数据特征工程算法，剖析不同住房均衡度的影响因素差异，构建住房均衡分析模型关键技术，用以辅助街道等各级别相关管理部门制订有针对性的住房供应计划。

夜经济休闲消费空间供需评估模型。基于夜经济活动涉及人群、设施等要素较多、动态性强的特点，利用大众点评、手机信令、网约车和地铁运行等多源数据，从供给侧（夜间服务供给多样性、夜间吸引点、夜间基础设施服务等）及需求侧（夜间人群活力等）两个角度，构建夜经济活力大数据评价指标体系，对城市夜经济进行综合分析。

科创空间供需评估模型。采用大数据分析的技术手段，构建"人才图谱"，精细化识别科创从业人群活动特征和需求偏好，实现精准的人才画像。根据产业发展、人才诉求、空间分区等基础要素筛选主要指标，建立科创空间供给综合绩效评估方法，引导产业生态圈各项服务设施配置。

2. 应用场景

利用多源数据和专业技术模型，识别人群需求和空间供给的供需匹配关系，对于面向职住平衡的住房供需调配、消费空间优化提升和产业转型升级与空间优化布局均具有重要的技术支撑意义。

更新提升类专项规划中，支撑识别职住关系和设施需求。 在城市更新、住房等专项规划或城市体检评估工作中，利用多源数据识别人群的居住就业空间格局、住房供需平衡关系、休闲娱乐商业设施需求及匹配情况，识别职住分离特征、住房供需不平衡区域和消费空间设施配套问题，为有针对性地改善职住平衡状况、解决住房问题，提升消费空间设施服务水平，促进城市更新品质升级提供依据。

产业类专项规划中，支撑空间优化布局和设施精准配置。 以产城融合、人才吸引为导向，精准识别行业产业配套需求、所需人才诉求，为产业发展和人才服务提供科学化的空间资源配置引导。

3. 应用实践情况

人居空间供需关系画像技术在《基于职住平衡大数据的住房评估与政策研究》《南京市基于不动产大数据的住房供需平衡研究》等课题中得到应用，并在多个城市住房与产业专项规划项目中为识别空间供需关系提供技术支撑；此外，该技术在《朝阳区新消费空间吸引力提升研究》《北京市广外大街和长安街两侧公共空间提升设计》等项目中完成了从供需关系精准识别到精准资源配置引导的空间布局优化的技术路径转化。

（1）基于职住平衡大数据的北京住房评估与政策研究

基于职住平衡大数据的北京住房评估与政策研究中，主要研发并利用了职住平衡分析技术、住房供需分析技术，将北京市 13 处重要就业组团的职住平衡程度进行评估（图 4-8，图 4-9），包括平均通勤距离、组团内通勤占比、职住人口比例等，得出职住平衡三大类型：就业薄弱职住平衡型、就业强职住平衡型、就业强职住不平衡型。

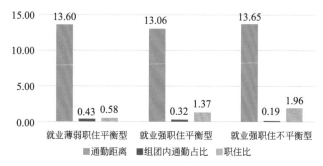

图 4-8　重点就业组团的职住特征分类

来源：清华同衡《基于职住平衡大数据的北京市住房评估与政策研究》项目组

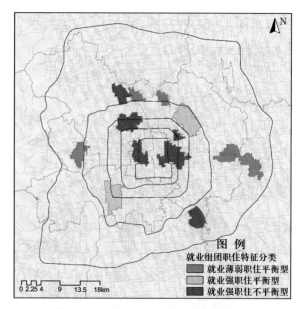

图 4-9　重点就业组团的空间分布情况

来源：清华同衡《基于职住平衡大数据的北京市住房评估与政策研究》项目组

（2）北京市广安大街和长安街两侧公共空间提升设计

北京市广安大街和长安街两侧公共空间提升设计中，以街道为单位将公共空间的供需关系进行精准对应识别，通过各类生活服务设施覆盖范围的人口数计算其人口覆盖度，进行设施与人口的叠加分析，得出便利店、菜市场、末端派送的居住人口覆盖度较低、设施布局仍需提升的区域，进而引导精准资源配置，指导后续设施建设（图4-10）。

生活服务设施服务范围人口数							单位：人
街道	便利店	菜市场	快递	美容美发	社区超市	早餐	街道人口
白纸坊街道	57 969	65 222	68 159	102 215	87 475	91 864	107 040
椿树街道	17 417	22 821	20 906	28 060	24 525	26 512	28 060
大栅栏街道	29 382	34 650	25 684	38 087	27 164	37 963	38 087
德胜街道	82 521	70 212	86 341	119 995	106 851	93 890	124 463
广安门内街道	46 385	62 900	44 694	88 066	77 773	77 303	88 066
广安门外街道	166 850	156 081	213 198	228 374	197 147	200 765	230 591
金融街街道	63 183	25 703	67 663	84 069	73 869	70 330	84 069
牛街街道	26 297	31 145	34 047	47 957	21 146	40 812	47 957
什刹海街道	71 477	69 134	51 511	94 744	72 733	89 301	100 168
陶然亭街道	24 997	26 404	24 549	43 833	36 899	39 823	45 145
天桥街道	38 507	28 767	33 663	51 168	42 108	44 549	56 257
西长安街街道	19 042	22 574	21 966	39 052	16 900	38 107	53 063
新街口街道	76 874	62 767	73 079	98 032	47 379	94 487	99 067
月坛街道	77 536	66 245	87 336	121 408	109 522	114 183	121 408
展览路街道	105 311	71 681	125 903	148 137	125 115	133 982	152 850
西城区	903 748	816 308	978 701	1 333 197	1 066 605	1 193 869	1 376 291

生活服务设施服务范围人口覆盖度						单位：人
街道	便利店	菜市场	快递	美容美发	社区超市	早餐
白纸坊街道	54.16%	60.93%	63.68%	95.49%	81.72%	85.82%
椿树街道	62.07%	81.33%	74.50%	100.00%	87.40%	94.48%
大栅栏街道	77.14%	90.98%	67.44%	100.00%	71.32%	99.68%
德胜街道	66.30%	56.41%	69.37%	96.41%	85.85%	75.44%
广安门内街道	52.67%	71.42%	50.75%	100.00%	88.31%	87.78%
广安门外街道	72.36%	67.69%	92.46%	99.04%	85.50%	87.07%
金融街街道	75.16%	30.57%	80.49%	100.00%	87.87%	83.66%
牛街街道	54.84%	64.94%	70.99%	100.00%	44.09%	85.10%
什刹海街道	71.36%	69.02%	51.42%	94.59%	72.61%	89.15%
陶然亭街道	55.37%	58.49%	54.38%	97.10%	81.74%	88.21%
天桥街道	68.45%	51.13%	59.84%	90.95%	74.85%	79.19%
西长安街街道	35.89%	42.54%	41.40%	73.60%	31.85%	71.81%
新街口街道	77.60%	63.36%	73.77%	98.96%	47.82%	95.38%
月坛街道	63.86%	54.56%	71.94%	100.00%	90.21%	94.05%
展览路街道	68.90%	46.90%	82.37%	96.92%	81.85%	87.66%
西城区	65.67%	59.31%	71.11%	96.87%	77.50%	86.75%

图4-10　北京市西城区各街道生活服务设施覆盖情况评估

来源：清华同衡《广安大街西城段综合提升规划研究》项目组

注：越接近红色代表数值越大，越接近绿色代表数值越小。

三、人居空间问题诊断

构建"活动系统评估—关键要素耦合诊断—问题时空诊断"三链条人居空间问题诊断关键技术体系，拓展在城市各类空间布局及城市病治理等领域的场景应用，为人居空间问题精准化诊断和针对性规划策略的制定提供科学依据。

（一）人居空间活动系统评估

人居空间活动系统内，物质、信息等要素在不同空间位置之间的移动形成地理流，如不同城市之间的人口迁徙流、城市内部片区之间的职住流、不同位置企业之间的资金流等（裴韬 等，2020）。各种流的存在塑造着人居空间格局，并成为推动人居空间活动系统演化的关键因素。基于网络分析领域的理论模型，使用流数据研究人居空间活动系统，有助于理解人居空间系统的格局与功能，厘清人居空间系统演化的动力学机制。

1. 关键技术内容

通勤特征分析模型。通过度中心性、等级均衡性等指标，反映城市空间单元节点在通勤网络中的层次位置。度中心线指标主要表征各个空间单元在通勤网络体系中的地位和作用。等级均衡性则反映通勤网络中各节点等级规模的均等化程度，是对整个网络特征的刻画，用于比较同一时间不同网络之间的等级结构差异，或比较不同时间同一网络均等化程度的变化。

枢纽度特征分析模型。通过中介中心性、空间均衡性等指标，反映不同城市节点在网络中的区域地位或重要性。中介中心性指标主要是在拓扑结构和连接关系层面，描述不同城市节点在网络中的邻接关系和位置影响力。空间均衡性是对整个网络结构特征的刻画，主要反映网络中具有枢纽特征的中介节点分布的均衡性，应用于城镇空间体系结构的研究中可以体现一个城镇网络更趋近于单中心还是多中心结构。

空间关联分析模型。通过网络联系强度、首位联系强度等指标，描述众多城市节点之间要素流动的规模和相互联系的活跃程度。网络联系强度指标反映城镇网络节点之间要素流动的规模，在城镇体系这样的无向网络中多使用总联系强度（流入量与流出量之和）研究城镇之间关联程度，节点之间的联系强度越强代表其联系越紧密。首位联系强度指某城市与城镇网络中其他城市之间联系规模的最大值，可识别接受中心城市辐射或吸引程度最大的腹地城市，主要描述区域城市群内部的城市节点影响力和城镇簇群划分。计算城际间联系规模，识别各中心城市最大联系规模作为其首位联系强度，将首位联系强度对应城市划入其腹地势力范围；并可通过第二联系强度识别争夺区，或通过首位值门槛法进一步识别联系更紧密的区域。

2. 应用场景

市县尺度国土空间总体规划中，支撑市域空间的职住通勤联系、功能关联研究。 从流数据和网络分析模型的角度出发，研究市县内各空间单元间的职住通勤联系以及更广泛的人口关联关系，有助于更全面地研判城镇空间体系的结构特征，发现空间单元相互间的互动关系，为更合理地统筹市域空间功能结构和资源要素配置、促进产城融合提供支撑。

区域尺度国土空间总体规划中，支撑交通网络体系优化、城市群范围划分、区域要素配置合理统筹。 对交通网络的结构特征进行定量研究，有助于研判各城市节点在区域交通中的枢纽性地位，为优化交通网络体系、提高空间连通效率提供支撑。基于人口流动数据的区域城市联系研究，有助于量化分析城市群内各节点城市间功能联系的紧密程度，挖掘区域人口要素在各城市间流动的规律，为研判区域内各城镇承载要素的规模及城镇网络的等级结构特征提供支撑。

3. 应用实践情况

人居空间活动系统评估技术先后应用于《榆林中心城市产业高质量发展和空间布局研究》《兴安盟国土空间规划》《长江中游城市群实施方案前期研究》《郑州都市圈发展规划》《常德市经开区国土空间规划》等项目实践中，为近20个不同类型的应用场景提供技术支撑。其中基于手机信令数据的城镇网络体系分析软件已获得软件著作权登记。

（1）基于手机信令数据的北京市通勤特征分析

基于度中心性的通勤网络分析，使用手机信令数据提取北京市各街道乡镇间的职住通勤人口数量，通过分析模型计算得到各街道乡镇节点在北京通勤网络中的度中心性（图 4-11）。北京市平常工作日的通勤人口入度中心性，体现了对周边跨城通勤人口的吸引力。

基于等级均衡性的城市片区通勤特征分析，使用手机信令数据研究北京市各城区内部及相互之间的职住通勤人口数量，通过分析模型计算得到各城区在通勤网络中的等级均衡性。等级均衡性越大，代表城镇体系的规模等级越均衡，反之则越极化（图 4-12）。

（2）基于铁路班次数据的全国地级市枢纽度特征分析

基于中介中心性的高铁网络枢纽地位分析，使用高铁班次数据分析各城市节点在高铁联系网络中的中介中心性。中介中心性越高，表示在网络体系结构中就越处于核心的位置。例如，图 4-13 显示了各地级市在高铁网络中的中介中心性，体现了各市在高铁网络中的枢纽地位差异。

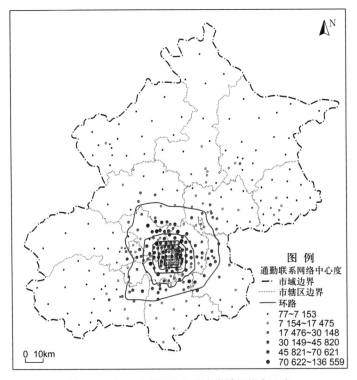

图 4-11　通勤流反映的北京市街镇网络中心度

来源：清华同衡《基于手机信令等多源大数据的城市与区域空间分析方法及模型研发》课题组

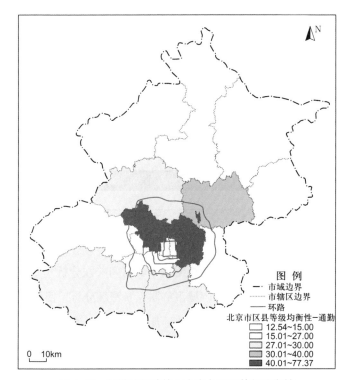

图 4-12　通勤流反映的北京市各区县等级均衡性
来源：清华同衡《基于手机信令等多源大数据的城市与区域空间分析方法及模型研发》课题组

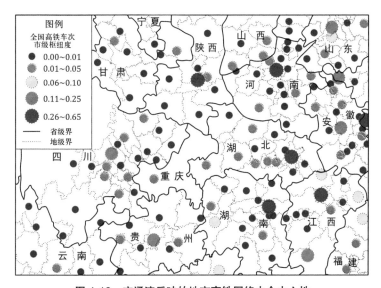

图 4-13　交通流反映的地市高铁网络中介中心性
来源：清华同衡《基于手机信令等多源大数据的城市与区域空间分析方法及模型研发》课题组

基于空间均衡性的高铁网络枢纽度分布分析，使用全国高铁班次数据分析京津冀区域和长三角区域在高铁联系网络中的空间均衡性。空间均衡性越大，代表网络体系的空间结构越扁平、越趋向于多中心结构，反之则越极化、越趋向于单中心结构。例如，表4-1展示了京津冀区域和长三角区域的高铁网络空间均衡性，体现了两个城市群在高铁网络枢纽度分布上的差异。

表4-1　交通流反映的京津冀与长三角区域高铁网络空间均衡性

区域	高铁网络空间均衡性
京津冀区域	1.35
长三角区域	1.66

来源：清华同衡《基于手机信令等多源大数据的城市与区域空间分析方法及模型研发》课题组。

（3）基于人口迁徙数据的长江中游城市群空间关联分析

基于网络联系强度的长江中游城市群联系紧密度分析，使用百度迁徙数据研究长江中游城市群中各城市节点间的迁徙人口规模，通过分析模型计算得到各城市节点间的联系强度。如图4-14所示，以春节前返乡人口的迁徙流为表征，

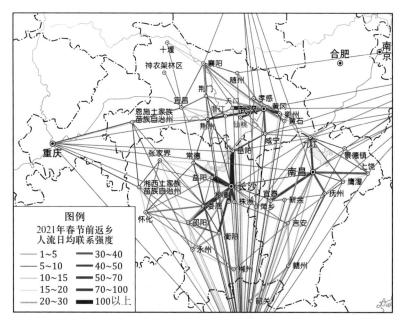

图4-14　人口迁徙流反映的长江中游城市群各城市及与外部发展极之间的联系强度

来源：清华同衡《基于手机信令等多源大数据的城市与区域空间分析方法及模型研发》课题组

对长江中游城市群内各城市间以及与外部主要中心城市之间的人口联系强度进行研究，体现了武汉城市圈、长株潭都市圈和南昌都市圈内联系网络特征及其主要的对外联系方向。

（二）人居空间关键要素耦合诊断技术

聚焦空间要素的集聚及空间互动关系，对空间生态环境要素、经济空间分布、就业空间分布、各产业间联系、人产空间协同关系等进行量化分析，为空间格局优化、产业布局优化、可持续发展等政策问题提供支撑。

1. 关键技术内容

多要素耦合分析模型。对生态、用地、人口、经济等多要素的空间分布规律与动态变化进行研究，从产业、人口、功能、成本、获得感五个维度科学合理设计指标体系，从交通小区、街乡、区县等不同层次对关键指标展开详细评估，引入耦合模型挖掘要素变化的相互关系，量化解析多要素空间变化的内在影响机制，支持不协调问题诊断和系统性优化提升模拟。

2. 技术应用场景

应用多源空间要素数据，开展时间、空间等多维度的多要素耦合分析，为空间规划资源环境分析评价和空间要素变化监测评估预警提供技术支撑。

市县国土空间规划中，支撑资源环境承载能力和国土空间开发适宜性评价研究。通过自然资源、生态环境等多要素耦合分析，识别资源、生态、人口等不同子系统之间的耦合关系和相互影响机制，为城镇空间格局优化、土地资源配置等提供科学支持。

国土空间规划实施过程中，支撑城市空间要素变化监测评估预警。利用遥感影像、人口、企业等社会大数据，动态监测土地、建筑、人口、产业等城市重要要素的变化，研判多元要素耦合关系，及时诊断问题，为要素协同优化提供系统性思路和措施。

3. 应用实践情况

人居空间关键要素耦合诊断技术于《市县空间规划资源环境承载能力和国土空间开发适宜性评价研究》《基于生态环境承载力的长江经济带城市群建设研究》等课题中的生态多要素耦合分析得到应用，并在《朝阳区人口与经济空间分布关系研究》等项目中支撑了人口与经济的社会要素动态耦合关系分析，从交通小区、街乡、区县等不同层次对城市经济空间分布、就业空间分布、各产业间联系、人产空间协同关系等进行量化分析。

（1）朝阳区人口与经济空间分布关系研究

朝阳区人口与经济空间分布关系研究中，采用复杂网络、空间计量等模型算法对产业间网络空间关联性、相关关系等进行了深入挖掘。相关关系包括产业规模与相关因素关系、功能规模与相关因素关系、工作人口与产业结构关系、资源消耗与产业结构关系等。以朝阳区南部打造文化创意与科技创新融合发展区为例，利用网络分析算法，从产业配置角度展示融合潜力较高的产业网络应用方向（图4-15），为相关部门细化产业发展门类、锚定招商方向和完善配套服务设施提供指引。

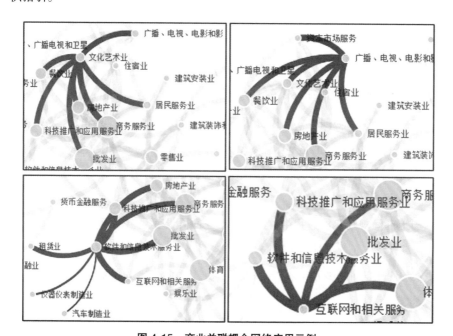

图4-15 产业关联耦合网络应用示例

来源：清华同衡《朝阳区人口与经济空间分布关系研究》课题组

（2）焦作市双评价"城农双宜区"分析

针对双评价结果中城镇建设适宜区和农业生产适宜区空间大量重叠的情况，案例从农业和城镇两个维度，进一步梳理动力要素和限制要素（杨钦宇 等，2023）。限制要素方面，农业生产重点考虑水资源承载及土壤污染等，城镇建设重点考虑灾害风险、耕保限制等。动力要素方面，农业生产重点考虑特色农业种植、重大农业基础设施，城镇建设重点考虑经济产业、都市圈辐射、交通区位等。然后，通过构建"城农双宜区"多要素耦合综合判别矩阵，在空间上进一步细分优势农业空间及城镇空间等级，分析结果如图 4-16 所示。

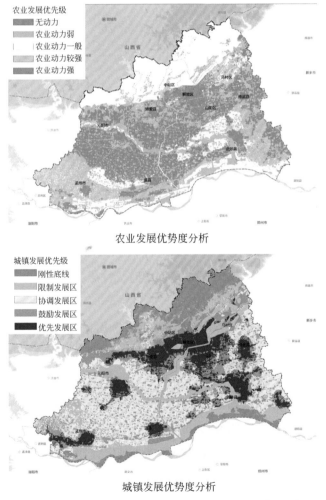

图 4-16 "城农双宜区"多要素耦合综合判定分析应用示例

来源：清华同衡

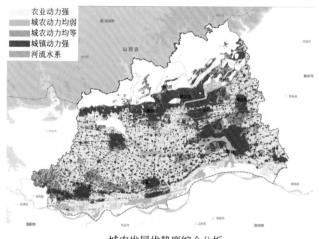

城农发展优势度综合分析

图 4-16 （续）

（三）人居空间问题时空诊断技术

基于城市网格化管理数据和社会大数据，研发网格尺度的城市病征分析、病因诊断、政策模拟、实施评估的技术方案，为城市精细化治理提供决策支持。

1. 关键技术内容

基于贝叶斯的城市问题时空诊断模型。应用贝叶斯模型，兼顾空间数量集聚度、时间趋势变化率，建立时空双维严重度诊断（兼顾数量及变化趋势），支撑城市的市容、市政、秩序环境等问题时空特征及集聚度分析、高发区域识别。

基于结构方程的城市问题因果解析模型。利用手机信令、互联网房价、小区信息、POI、大众点评、地理测绘等九大类社会大数据，从硬件建设、社会管理、人群活动三个维度，计算城市管理问题影响因子指标，应用结构方程模型，开展城市问题归因分析，研判不同城市问题的直接或间接影响因素及影响机制。结合互联网和 12345 热线反映的市民舆情关注度及城市病严重程度，建立城市治理优先地图，为治理时序和针对性解决措施决策提供科学支撑，并对治理实施成效开展监测和量化评估。

2. 技术应用场景

城市体检与城市病诊断。利用多源数据和时空分析模型，从时间变化、空间分布等多种维度进行城市病问题分类诊断和综合诊断，为问题精准发现、特征研判、热点区域识别等提供技术支撑。

城市治理决策制定。基于多源大数据，构建人居空间问题影响因子指标体系，开展归因分析，研判不同人居空间问题的直接或间接影响因素及影响机制，为针对性制定策略措施提供科学依据。

3. 应用实践情况

人居空间问题时空诊断技术应用于《北京市西城区城市精细化管理研究》等多个城市体检与精细化治理专项评估项目，在传统单维度分析的基础上增加了时间维度与关联分析，对于问题诊断起到了重要支撑。其支撑的国家发展改革委课题《我国南北方发展差距特征与原因分析》中将问题诊断延伸到病因识别，更进一步辅助治理决策的制定。

在北京市某城区城市病归因诊断研究中，通过文献研究，构建了城市问题影响因子指标体系，利用运营商手机信令数据、互联网房价数据、小区信息数据、POI设施点数据、大众点评数据、地理测绘数据等多源社会大数据构建系统动力学模型，针对百姓关注度较高的垃圾环卫问题、乱停车问题、流动商贩问题、公共空间占用问题开展归因分析。指标体系从城市建成环境的密度强度、可达性、混合性、多样性、尺度和品质等六个方面进行细化。应用大数据核算指标，利用结构方程模型，对城市病进行归因分析。分析结果（图4-17）显示，环卫问题受城市建成环境和居住人口密度影响比较大。建筑密度越高，房租越低，居住人口密度越高，垃圾环卫问题越多。而流动人口密度对环卫问题的影响不显著。乱停车问题受建成环境影响较小，最主要是受到停车场可达性的显著影响。300m服务半径内停车场越少，乱停车问题越多。商业服务设施不足是流动商贩、店外经营和乱停车等秩序问题的主要原因，为精准识别设施服务空白区域，合理规划商业服务设施和停车设施等提供科学依据。

一级指标	强度					可达性					多样性												品质			成本	
二级指标	人口密度			建筑密度	路网密度	设施可达性	交通可达性			公园广场可达性	用地多样性												设施品质	居住品质		居住成本	
三级指标	居住人口密度	就业人口密度	流动人口密度	建筑密度	路网密度	设施可达性	交通可达性	停车场可达性	公交站可达性	公园广场可达性	设施多样性	教育科研用地单一性	医疗卫生用地单一性	商务设施用地单一性	公用设施用地单一性	商业零售用地单一性	餐饮业用地单一性	广场用地单一性	公园绿地用地单一性	服务设施用地单一性	行政办公用地	社会福利用地	建筑年代	设施满意度	小区绿化率	平均房价	平均租金
垃圾环卫	0.07	-0.09		0.11		-0.01	0.12			0.08	-0.12												0.05	0.27	0.04		0.00
流动商贩与店外经营	-0.01	-0.05	0.01	0.03		-0.02	0.09				-0.10	0.02	0.19	0.07	0.01	0.07	0.03		0.10	-0.09			0.02			-0.01	
机动车与非机动车乱停放	-0.01							-0.05	0.06		-0.09															0.08	0.00
街道占用	-0.01	0.02	0.03	-0.10		0.10			0.05	-0.08	-0.06			0.15			0.09			0.12			0.05			0.05	

负相关　　　0　　　正相关

图4-17 北京某城区"城市病"主要影响因子及相关性
来源：清华同衡

四、人居空间多情景推演

（一）空间规划方案多情景模拟技术

空间规划涉及内容繁多，如人口规划、用地规划、交通规划等，规划方案需针对城市发展现状与基础，根据对城市未来发展趋势的研判，对城市未来人口、用地、交通进行布局规划。而城市是一个复杂巨系统，城市的空间发展影响因素众多，多种复杂因素相互影响作用，使得城市空间发展将呈现出多种可能性。空间规划方案多情景模拟技术借助计算机模拟技术和大数据分析技术，构建更加科学合理的空间方案分析技术方法，弥补传统上单纯依靠人脑分析方案、处理海量信息方面的不足，提高空间方案分析对比的科学性和说服力。

1. 关键技术内容

区域城镇空间格局多情景模拟技术。综合考虑人口规模变化、交通方式及格局变化、地区承载力等多种要素对区域城镇空间格局的影响，利用重力学模型、多要素耦合模型等对城镇体系结构、城镇空间格局进行多情景模拟，支撑优化区域城镇空间格局、城镇体系布局和空间要素资源配置的思路、目标及举措的制定。

城市空间格局演变多情景模拟技术。通过对建设用地增长有驱动及限制影响的各类要素分析，探究城市建设用地增长影响机制。利用CA（元胞自动机）逻辑回归、神经网络、条件生成对抗网络等算法对传统城市、工业型城市和旅游型城市等不同类型城市开展城市建设用地增长模拟，探究不同影响因素对模拟结果的影响机制，调试影响因素的最优量化方式，不断提升情景模拟算法实践应用的有效性和科学性。

2. 应用场景

国土空间规划中，各类空间的保护和开发利用是规划重点，尤其是与人类生产生活活动密集发生的城镇空间，本项技术内容可支撑全国、区域、省、市、县、乡镇等不同级别规划中，城镇空间总体格局及城市发展空间布局规划。在区域、省、市、县级国土空间总体规划中，支撑区域城镇空间总体格局规划。在市、县和乡镇级国土空间总体规划中，支撑城市中心城区和镇区空间方案制定。

3. 应用实践情况

空间规划方案多情景模拟技术在《全国城镇空间格局和土地资源配置研究》《许昌市国土空间总体规划》等项目中实践应用，为区域城镇空间格局和体系规划、城市开发边界划定、城市中心城区空间方案制定提供技术支撑。

（1）多源交通方式和格局影响下的全国城镇空间格局多情景模拟

案例模拟了在铁路、航空等多种交通方式影响下的未来区域城镇空间格局（图 4-18）。从模拟结果看，快速交通，尤其是航空，压缩了城市之间联系的时间

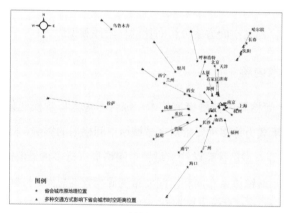

情景一

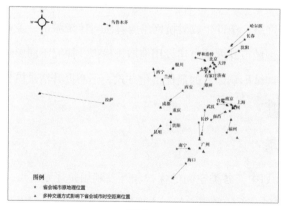

情景二

图 4-18 多种交通方式影响下中国城市空间格局示意

来源：清华同衡《全国城镇空间格局和土地资源配置研究》课题组

成本，人流物流信息流等向重要城市群、都市圈和中心城市不断集聚，以京津冀、长江三角洲、粤港澳大湾区、成渝四大城市群为"钻石结构"，以长江中游、山东半岛、海峡西岸、中原地区、哈长、辽中南、北部湾和关中平原8个重点城市群，以及其他都市圈、中心城市、节点城市为主骨架的多中心、网络化综合交通格局基本形成。

（2）K市中心城区空间格局演变多情景模拟

案例以某城市2000—2017年历史数据训练模型，逻辑回归和神经网络算法精度均达到95%以上；将得到的规律结合规划的约束条件，根据设定的多种发展情景模拟2035年的城镇空间布局（图4-19）。在情景设定中，基本情景是不考虑人为干预、延续历史发展规律的自然增长情景，其他情景的设定结合城市的自身特点、发展阶段、外部环境、社会经济发展趋势、国家和区域发展战略、重大工程项目以及特定的规划意图设置，如情景2以2000—2017年历史增速进行模拟，对城市生态廊道进行保护；情景3以上位规划下发的用地规模指标进行总量控制，同时对城市生态廊道进行保护；情景4在情景3的基础上进一步考虑经开区与城区的职住配套需求；情景5与情景4相似，但用地总量按上位规划下发的用地规模的1.3倍控制，不同算法的模拟结果如图4-19所示。由于情景4的条件设定与规划意图最为吻合且模拟结果较理想，故案例中最终将情景4模拟结果作为用地方案的基本参考。

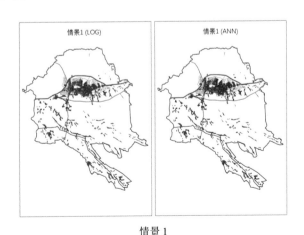

情景1

图4-19　城镇建设用地增长多情景模拟示意

来源：清华同衡《空间规划方案多情景分析算法研究》课题组

注：图中LOG为逻辑回归算法的简写，ANN为神经网络算法的简写。

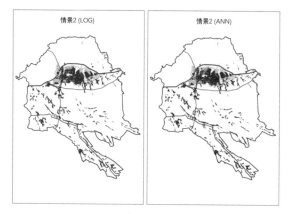

情景 2

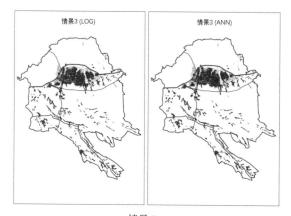

情景 3

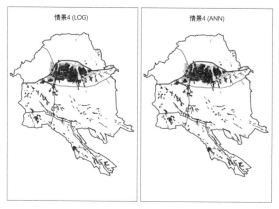

情景 4

图 4-19 （续）

（二）热环境影响模拟技术

城市热环境是影响城市生态环境的重要要素之一，近年随着高速城市化，全球逐渐变暖，城市热环境也逐渐成为城市规划、全球变化乃至人居环境研究中的重点关注对象。基于热红外遥感影像，分析城市热岛的时空变化，突破了传统的零星地面气象站资料无法全面反映城市地面热场的空间变化的限制，为城市热岛的效应模拟和治理提供支撑。

1. 关键技术内容

基于遥感热力反演模型的热环境影响模拟技术。基于热红外遥感影像，综合运用大气校正法、单窗算法、单通道法等地表温度反演算法，分析城市热岛在空间和时间的差异和变化趋势。与城市各类空间要素进行相关性分析，研究城市热岛的影响因素，科学分析热岛成因，支撑城市规划热岛减缓策略的制定。

2. 应用场景

在省、市、县级国土空间规划中，支撑区域及城市生态格局规划建设。通过对区域和城市热环境的分析、影响模拟，提取影响城市热岛的主要因素，可因地制宜地规划区域与城市绿地、水系整体空间格局，统筹城市色彩、路面铺装、立体绿化的规划建设，预留通风廊道，支撑区域及城市生态格局规划建设。

3. 应用实践情况

热环境影响模拟技术在《生态福州总体规划》《玉林市公园城市建设总体规划》《2018 年度福州市城市体检》等项目中应用，为城市通风廊道规划、生态格局规划和空间方案规划等提供技术支撑。

在福州市热环境反演与分析案例中，使用 Landsat 系列卫星影像反演城市地表温度情况，以定量分析热环境情况。使用 1976—2010 年期间 5 个年份的影像数据进行计算，时间跨度达 30 余年。地表温度反演采用单窗算法（图 4-20），并参考了中国气象局规定的 9 级分类标准和张书余提出的人体舒适度评价指标体系，对热环境进行分级评价，评价结果见图 4-21。

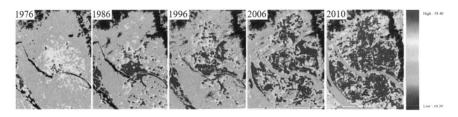

图 4-20　1976—2010 年案例城市热岛情况

来源：清华同衡

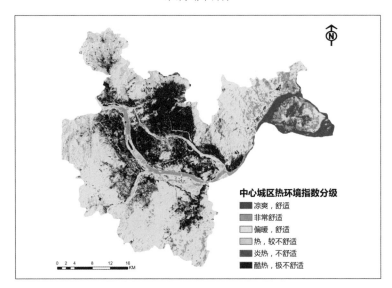

中心城区热环境指数分级

■ 凉爽，舒适
■ 非常舒适
□ 偏暖，舒适
■ 热，较不舒适
■ 炎热，不舒适
■ 酷热，极不舒适

图 4-21　案例城市中心城区热环境指数

来源：清华同衡

为进一步分析热岛主要影响因素，案例从城市、街区和建筑单体不同尺度开展分析，发现案例城市热岛除了城市所处的盆地环境以及沿江建筑影响外，主要受城市下垫面、城市人口分布、城市功能布局和用地类型等影响明显。

城市下垫面与热环境的关系。城市下垫面即大气底部与地表的接触面，随着城市建设，城市内大量人工构筑物如铺装地面、各种建筑墙面等，改变了下垫面的热属性。城市地表含水量少，热量更多地以显热形式进入空气中，导致空气升温。为了深入分析下垫面与城市热岛的量化关系，将城市下垫面分为不透水表面和透水表面，其中透水表面又分为植被和水体。研究发现不透水表面与城市地表温度呈现指数正相关关系，表明随着不透水面指数的升高，城市地表温度也急剧上升。而城市地表温度与植被呈现线性负相关，即植被指数越高，城市地表温度越低。城市地表温度与水体的关系，和植被一样呈现线性负相关，即水体指数越高，城市地表温度越低（图 4-22）。而大量研究表明植被与水体的综合降温幅度，都不足以抵消同量不透水表面的升温幅度。植被和水体指数各增加 0.1，综合降温 0.904℃；而不透水面指数增加 0.1，温度升高 0.975℃，不透水面对地温的影响超过植被与水体之和。因此要改善热环境，不光要增加绿地和水体，减少不透水面更加重要。

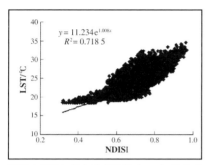

不透水指数与城市地表温度（LST）的关系

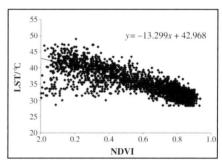

植被指数与城市地表温度（LST）的关系

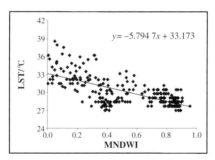

水体指数与城市地表温度（LST）的关系

图 4-22　不透水指数、植被指数、水体指数与城市地表温度（LST）的关系

来源：清华同衡

用地类型与热环境的关系。对比案例城市现状各类用地平均地表温度，工业用地地温普遍高于其他用地，其次是物流用地、商业用地、交通用地、三类居住等（图 4-23）。进一步分析上述地表温度较高地类在城市的占比，提取高温区内用地现状进行统计，占地面积较多的为高层居住及棚户区（图 4-24）。综合以上分析，可知三类居住（主要是棚户区）、工业区地表温度普遍高于其他地类，且这两类用地在案例城市用地比重较高，是重点治理的地类。

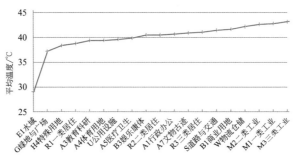

图 4-23　现状用地类型平均温度对比

来源：清华同衡

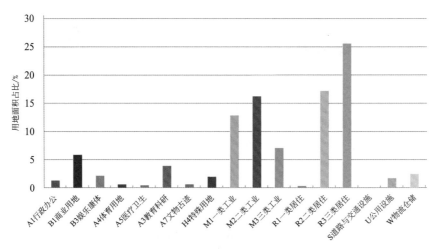

图 4-24　高温区内各类用地分布比例

来源：清华同衡

人口密度与热岛效应。人作为城市主要的活动主体，也是热量排放的一个主要源头，人类每天的衣食住行都在进行大量的热排放。将案例城市人口密度数据与地表温度数据进行回归分析，发现两者呈现幂函数正相关（图 4-25），即人口越密集，地表温度越高。且人口稀疏地区，随着人口密度不断增长，地表温度以较快速度升高，一旦达到一定的人口聚集度后，地表增温速度变缓。

故案例针对主要因素，提出治理措施，包括：①提倡低冲击开发，减少不透水表面，优化绿地系统结构，因地制宜增设水面；②分区分类治理，重点治理地温高且占地比例高的地类；③选择多中心用地混合的城市发展模式，疏解老城区人口；④在城市色彩规划中纳入对热岛效应的考虑；⑤加强城市通风格局规划，预留城市通风廊道（图 4-26，图 4-27）。

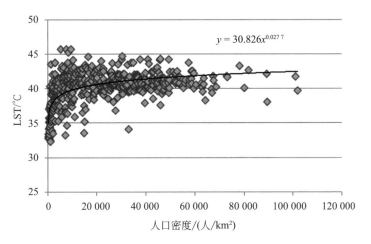

$$y = 30.826x^{0.0277}$$

图 4-25　人口密度与地表温度的关系

来源：清华同衡

住宅区：

不透水率改善：小区内路面铺装尽量采用透水材质。绿化策略：多种植林荫树，鼓励垂直绿化和屋顶绿化。

商业区：

不透水率改善：增加广场、停车场及休闲步道的不透水率。绿化策略：同时植行道林荫树，鼓励垂直绿化和屋顶绿化。

工业区：

不透水率改善：增加广场、停车场及休闲步道的不透水率。绿化策略：同时植行道林荫树，鼓励垂直绿化和屋顶绿化。

图 4-26　城市下垫面改善策略

来源：清华同衡

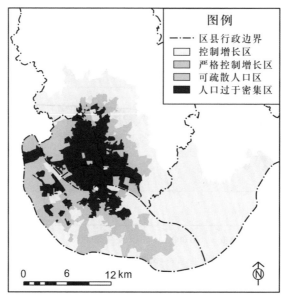

图 4-27　城市人口控制策略

来源：清华同衡

（三）重大项目选址决策模拟技术

基于多源数据构建城市综合评估技术框架，应用空间人工智能方法对城市特定场景进行分析诊断和决策模拟，模拟在设施建设等单一场景或中心布局调整、房屋价格调整等综合场景下，不同规划方案对不同街区城市发展水平的影响，支撑量化决策。

1. 关键技术内容

多目标框架下规划方案的比选和量化决策模型。构建综合指标集描述城市实时运行状态及基本特征，量化评估与预测政策对空间单元体征的直接影响及间接影响，针对多要素影响问题，引入决策树与随机森林等机器学习算法，通过优化迭代识别重大项目选址影响因素，并基于量化结果进行决策模拟（Flood，1987）。

2. 技术应用场景

规划实施决策支撑。在城市规划实施过程中，面临多目标决策场景。利用多源数据、综合指标和模拟算法，通过量化评估和情景模拟对比不同空间方案场景下的多要素影响，进而为规划实施决策提供有效支撑。

3. 应用实践情况

重大项目选址决策模拟技术在《基于上海城市体征诊断模型的辅助决策研究》项目中得到充分应用，并且标准化后支撑了用地开发评估决策系统等平台系统和规划工具的实现。

研究中构建决策优化应用，通过构建基于特征标签的城市体征预测模型，量化基础指标与多维标签、多维标签与城市体征之间的关系，实现政策潜在影响的定量评估。其中规划管理应用重点描述从基础指标变化到多维标签变化的过程，量化评估政策对空间单元聚类特征的影响，主要面向规划管理应用场景。例如，若某地块在 500m 范围内增设一地铁站，模拟结果可见不同模拟单元的设施配套水平发生显著变化，有的优化，有的无影响。通过量化对比不同方案的影响范围和程度，为决策提供支撑（图 4-28）。

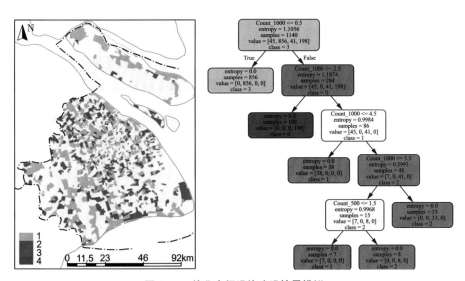

图 4-28　就业空间设施建设情景模拟

来源：清华同衡《基于上海城市体征诊断模型的辅助决策研究》项目组

五、小结

本章建立了由"供需匹配微画像—问题矛盾精诊断—情景模拟智推演"构成的智慧规划关键技术体系（表4-2），技术成果支撑全国不同地区、不同尺度空间规划编制和管理实践，既服务于国土空间规划相关研究和标准规范制定，也服务于地方自然资源、住建、统计、发改、城管等不同部门的规划及管理决策，科学支撑了规划编制和人居空间治理相关工作。但由于人居空间是一个复杂性巨系统，人群活动和个体需求具有复杂性，在收入情况、消费水平、受教育水平等维度相关的细尺度分析有待不断发掘新的数据资源；人居空间不同尺度、不同专业的影响因素和影响机制差别较大；城市中政策决策受到经济形势、社会发展等宏观层面的影响，存在诸多不确定性，而人的需求随着社会经济的进步也会发生变化，部分政策及需求难以量化。因此在多源数据拓展融合、多专业耦合协同、政策变化与人的需求不确定性的应对等技术方面，还需要未来进一步深入研究突破，已研发的各类模型也将依托未来的实践应用不断优化完善。

表 4-2　本章技术模型汇总

技术环节	技术内容	技术模型	输入数据	应用场景	适用尺度
人居需求精准刻画	人居需求精准微画像技术	数据清洗与样本纠偏模型 多尺度全时相的人口分布模型 多维人群活动特征指标分析模型	• 手机信令数据 • 老年卡数据 • 公交 IC 卡数据 • 出租车 GPS 数据 • 城市 POI 数据 • 传统普查数据	• 区域尺度国土空间总体规划 • 城市尺度国土空间总体规划 • 公服设施专项规划 • 城市更新专项规划	■省级 ■市级 ■县级 ■乡镇级
	人居空间供给精准画像技术	基于人群行为的空间功能演变识别模型 基于多源数据和深度学习的空间品质评估模型	• 手机信令数据 • 互联网 LBS 数据 • 车辆 GPS 数据 • 互联网文本数据 • 街景图像数据 • 城市 POI 数据 • 互联网点评数据	• 市县尺度国土空间总体规划 • 城市体检评估	□省级 ■市级 ■县级 ■乡镇级

续表

技术环节	技术内容	技术模型	输入数据	应用场景	适用尺度
人居需求精准刻画	人居空间供给精准画像技术	基于企业数据的空间绩效评估模型	• 工商注册数据 • 企业投资数据 • 专利数据	• 产业园区专项规划 • 产业研究	□省级 ■市级 □县级 ■乡镇级
		基于深度学习的城乡聚落传统肌理辅助识别模型	• 高分辨率遥感影像	• 旅游专项规划 • 历史文化专项规划 • 风景区策划	□省级 ■市级 ■县级 ■乡镇级
	人居空间供需关系画像技术	职住平衡分析模型	• 手机信令数据 • 工商注册数据 • 互联网小区数据 • 城市POI数据 • 土地供应数据 • 住房数据	• 城市更新规划 • 住房等专项规划 • 城市体检评估	□省级 ■市级 ■县级 ■乡镇级
		住房供需分析模型			
		夜经济休闲消费空间供需评估模型	• 互联网点评数据 • 手机信令数据 • 网约车数据 • 地铁运行数据	• 城市更新规划 • 业态提升策划	
		科创空间供需评估模型	• 工商注册数据 • 互联网招聘数据 • 手机信令数据	• 产业专项规划	
人居空间问题诊断	人居空间活动系统评估技术	通勤特征分析模型	• 手机信令数据	• 市域通勤联系特征研究	■省级 ■市级 ■县级 □乡镇级
		枢纽度特征分析模型	• 铁路班次数据 • 物流联系数据	• 交通联系网络研究	
		空间关联分析模型	• 手机信令数据 • 人口迁徙数据	• 城市群、市县空间联系研究	
	人居空间关键要素耦合诊断技术	多要素耦合分析模型	• 手机信令数据 • 工商注册数据 • 地理测绘基础数据等	• 市县国土空间总体规划 • 规划实施监测评估	□省级 ■市级 ■县级 ■乡镇级

续表

技术环节	技术内容	技术模型	输入数据	应用场景	适用尺度
人居空间问题诊断	人居空间问题时空诊断技术	基于贝叶斯的城市问题时空诊断模型	• 城管巡查数据 • 12345 热线数据	• 城市体检与城市病诊断	□省级 ■市级 ■县级 ■乡镇级
		基于结构方程的城市问题因果解析模型	• 手机信令数据 • 互联网房价数据 • 小区信息数据 • 城市 POI 数据 • 互联网点评数据 • 地理测绘基础数据等	• 城市治理决策制定	
人居空间多情景推演	空间规划方案多情景模拟技术	区域城镇空间格局多情景模拟模型	• 区域联系数据（交通、人口、经济等）	• 区域城镇空间总体格局规划	■省级 ■市级 ■县级 □乡镇级
		城市空间格局演变多情景模拟模型	• 历史土地利用分布数据 • 各类影响因素数据（人口规模、经济发展水平、永久基本农田、生态保护红线、绿地、水系等）	• 城市中心城区和镇区空间规划方案制定	□省级 ■市级 ■县级 ■乡镇级
	热环境影响模拟技术	基于遥感热力反演模型的热环境影响模拟模型	• 热红外遥感影像	• 区域及城市生态格局规划建设	■省级 ■市级 ■县级 □乡镇级
	重大项目选址决策模拟技术	多目标框架下规划方案的比选和量化决策模型	• 规划国土基础数据 • 人口普查数据 • 经济普查数据 • 手机信令数据 • 出租车 GPS 数据 • 轨道刷卡数据 • 房价数据等	• 规划实施决策支撑	□省级 ■市级 ■县级 ■乡镇级

来源：清华同衡。

参考文献

范冬萍，2020.探索复杂性的系统哲学与系统思维［J］.现代哲学，（4）：97-102.

裴韬，舒华，郭思慧，等，2020.地理流的空间模式：概念与分类［J］.地球信息科学学报，22（1）：30-40.

王德，王灿，谢栋灿，等，2015.基于手机信令数据的上海市不同等级商业中心商圈的比较：以南京东路、五角场、鞍山路为例［J］.城市规划学刊，（3）：54-64.

杨丽君，朱华岚，吴健平，2003.基于GIS的零售业商圈分析[J].遥感技术与应用,6(3）：144-148.

杨钦宇，余婷，卢庆强，等，2023.市县"双评价"技术方法及应用体系研究：基于国土空间规划整体认知视角［J］.城市发展研究，30（2）：7-12,2.

Berry BJL，Parr J B，1988. Market centers and retail location：theory and application［M］. New Jersey：PrenticeHall.

Flood R L，1987. Complexity：a definition by construction of a conceptual framework［J］. Systems Research，（4）：177-185.

第五章
人居空间精准化治理

一、导读

随着人民生活水平的不断提高、数字化技术的日益精进、政府治理能力现代化需求的增长，精细化治理逐步成为人居环境研究的重点之一，其核心理念包括循证治理、敏捷治理、协同治理和整体治理。在数字化时代，智能平台的应用为推进这四个方面的实施提供了强有力的支持，从而全面提升城市治理水平。

一是循证治理。面向复杂化与综合化的城市治理，基础性的数据与证据将提供相对客观的依据与参考，辅助主观性的判断。数字化平台能够整合大量城市数据，包括环境、社会、经济等多个维度。借助人工智能和数据分析技术，平台可以准确识别问题、预测趋势，并为决策者提供基于证据的决策支持。通过数据驱动的方式，城市管理者可以更准确地制定政策，优化资源配置，实现可持续发展。

二是敏捷治理。面向动态化与人性化的城市治理，敏捷快速地响应城市生活、生产、生态等方面的各类需求，及时主动处置城市事件，这显得尤为重要。数字化平台提供了实时监测和反馈机制，使城市管理者能够迅速获取问题和需求信息。通过移动应用、传感器等技术，市民可以随时报告问题，政府部门能够及时响应和解决问题。这种快速反应能力有助于提高问题处理效率，缩短决策周期，更好地满足市民需求。

三是协同治理：面向多目标与多场景的城市治理，搭建各方沟通、商量、协作的机制非常关键，在交互之中推动各方达成共识，实现各方共赢。数字化平台促进了政府、企业、社会的协同合作。在线协作工具和社交媒体平台使不同利益相关者能够实现信息共享、意见交流。政府可以借助这些平台与市民互动，征求意见，制定更具参与性和民主性的政策。同时，跨部门协同也能够更好地解决复杂的城市问题。

四是整体治理。面向系统性与全局性的城市治理，从整体上把握城市的发展态势，优化全周期的治理流程，完善全过程的时空资源调配，将最大可能地优化城市自身系统。数字化平台整合了各领域的数据和信息，实现了全局视角的整体治理。通过综合城市运营平台，城市管理者可以一站式地获取交通、能源、环境等多方面的数据，进行跨部门的协调和决策。这种综合性的管理有助于避免信息孤岛，促进资源的高效利用。

综上所述，智能平台的应用在循证治理、敏捷治理、协同治理和整体治理方面发挥着不可替代的作用。它不仅提供了数据支持、问题解决、合作互动、全局规划等方面的功能，更推动着城市向更加智慧、可持续的方向不断迈进。本章基于此，以四个典型平台为例，探讨平台建设与应用介绍、顶层设计、技术特色以及总结展望，期望勾画出人居空间精准化治理的未来方向（图 5-1）。

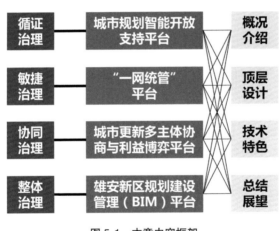

图 5-1　本章内容框架

来源：作者自绘

二、偏重循证治理的平台

（一）概况介绍：空间规划智能开放支持平台（"同衡云"平台）

近年来，时空数据、手机信令、互联网定位、企业大数据等多源数据被广泛应用于城市规划、体检评估、空间治理等领域，支撑以理性证据为出发点的城市规划与治理的创新。本节以空间规划智能开放支持平台（"同衡云"平台，以下简称"平台"）为例，探讨沉淀多源数据支撑城市规划的关键技术，为规划数字化、智能化提供支撑。

平台以"专业""智能""开放"为建设原则。其中，"专业"是指建设专业的规划辅助平台，以规划的核心业务和领域知识为牵引。"智能"是指建设智能的规划分析平台，以数据资产和智能算法为内核，搭建可拓展的业务模型。"开放"是指建设开放的行业交流平台，基于分布式架构，实现数据、算法、模型、方案的共享与众筹，赋能规划业务创新（图 5-2）。

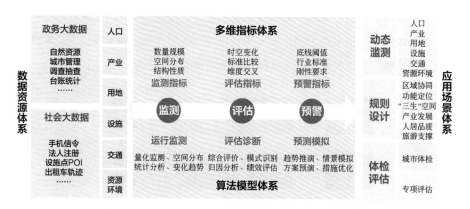

图 5-2　面向城市规划的基于多源数据的融合应用体系

来源：清华同衡北京市科委课题《面向城市规划的基于多源数据的融合应用体系》项目组

（二）顶层设计

平台主要包括数据仓库、智能模型、专题制图、方案超市四大模块，支撑规划数据分析、体检评估、空间治理、精准招商等应用场景（图 5-3）。

数据仓库。汇聚手机信令、企业数据、互联网 POI、遥感影像等多源时空数据。提供数据清洗、入库、校验、融合等全流程治理工具。

智能模型。提供规划模型库，将数理统计、空间分析、综合评价、归因分析、聚类分析、预测模拟等核心算子进行封装。提供模型自定义组装功能，基于核心算子智能组装规划业务模型。

专题制图。提供多样化二、三维地图表达能力，多样化图表表达能力。

方案超市。基于多用户分布式架构，提供数据、模型、方案的创建、分享、收藏功能，提供智能推荐能力。

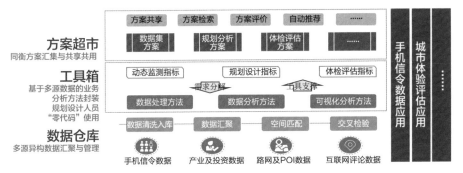

图 5-3　"同衡云"平台总体技术框架

来源：清华同衡《基于业务驱动设计的同衡云统一平台》项目组

（三）技术特色

平台以数据仓库、智能模型、专题制图、方案超市四大能力点，支撑规划分析、体检评估、空间治理、精准招商四大应用场景。

能力点 1：数据仓库，多源数据资产管理系统。平台数据仓库包括数据图书馆和数据治理平台。其中，数据图书馆汇聚手机信令、企业数据、互联网 POI、遥感影像等多源时空数据，提供实现数据资产编目、数据标准规范、数据更新机制、数据资产汇聚等能力。数据治理平台实现各类数据全流程治理所需的支持，包括数据清洗、数据转换、空间匹配等。

能力点 2：智能模型，可定制的智能算法模型系统（图 5-4）。平台提供规划基础算法库，包括基础分析类算法（数理统计、空间分析、遥感解译、街景识别等）、综合评价类算法（专家打分、主成分分析、熵值法等），诊断分析类算法（相关分析、归因分析、聚类分析等）、预测模拟类算法（LSTM、CA 等）。提供规划业务模型库，包括人口、产业、环境、设施等监测指标模型；低效空间识别、城市扩张模式、完整社区评估、宜居性评价、用地效益评估等专项评估模型，以及人口预测、产业模拟、用地模拟等情景模拟模型。基于模型智能定制系统，通过"算子拖拉拽"实现业务模型的组装，通过业务模型进行标准规范的数据集输入，实现模型运行和结果集的输出。

149

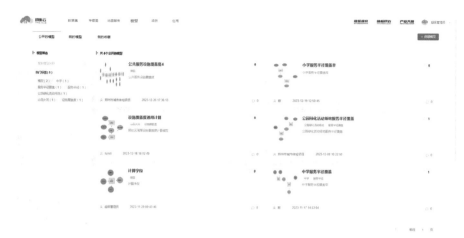

图 5-4 专模型中心

来源：清华同衡

能力点 3：专题制图，二、三维一体化的分析表达系统（图 5-5）。平台支持二维 OD（交通起止点）、聚类、热力、散点、地区等制图表达和样式调整，同时支持时序图；支持倾斜摄影、三维模型等数据加载和二、三维一体可视化。支持条形图、柱状图、饼图、桑基图等图表可视化表达。专题地图包括图属查询、属性筛选、空间筛选等分析能力，支持三维可视域、某型剖切、方量分析、地形开挖、模型压平、剖面分析、限高分析等分析能力。

图 5-5 专题制图能力

来源：清华同衡

能力点 4：**方案超市，方案共享交流平台**。平台为多用户提供数据、模型、方案的创建、分享、收藏功能，提供智能推荐能力，打造规划师共享交流的社区。用户能创建自己的方案分享到方案超市，同时能在超市中对自己感兴趣的方案进行查看、收藏、评论等。方案超市提供智能检索能力，包括按照标签检索、关键词匹配以及基于用户偏好的智能推荐等。

应用场景 1：规划分析工具箱。解决规划师数据分析的业务痛点，基于同衡云"数据＋模型＋制图"能力，以手机信令数据、企业数据、互联网 POI 数据等为基础，定制城市人口、产业、设施等典型场景规划分析工具（图 5-6）。人口分析应用以手机信令数据集为核心，支撑包括活动、居住、就业人口时空分析、OD、职住分析，旅游专题分析；产业分析应用以企业数据集为核心，支撑包括区域产业结构、行业生命周期、区域投资联系、区域创新产出、区域企业诚信等专题分析；设施分析应用以互联网 POI 数据集为核心，支撑包括设施分布热力分析、可达性分析、设施数量和结构专题分析；综合分析应用结合手机信令、企业数据、POI、统计年鉴等多源数据和模型库，支撑城市人口、用地、产业、设施等多维度的城市运行监测、诊断评估、预测模拟等应用。

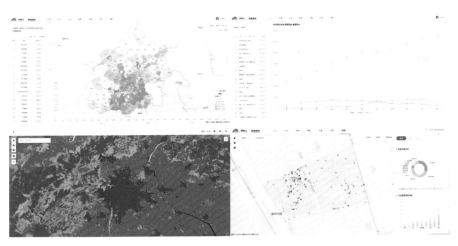

图 5-6　规划分析应用场景（人口、用地、产业、设施）

来源：清华同衡

应用场景2：**体检评估**（图5-7）。结合国土空间规划体检评估、城市体检评估与城市更新等业务需求，基于平台数据、制图、模型能力，实现数据采集自动化、指标配置灵活化、分析诊断智能化、体检报告自动化、更新决策智慧化，形成体检评估工作"数据采集（图5-8）、诊断分析、更新管理、评估跟踪（图5-9）"全流程辅助。

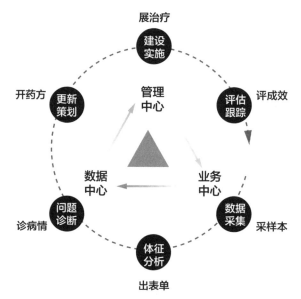

图 5-7　体检评估场景：概念模型

来源：清华同衡

图 5-8　体检评估场景：数据采集

来源：清华同衡

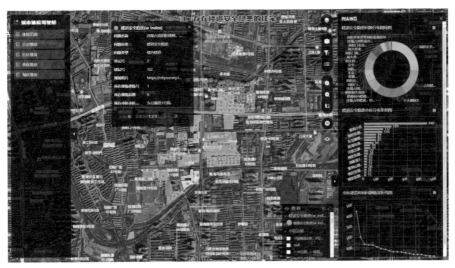

图 5-9　体检评估场景：监测预警
来源：清华同衡

应用场景 3：空间治理（图 5-10）。基于平台数据、制图、模型能力，打造空间治理"一库、一图、一箱"，以"一库"，即空间治理数据库的建设搭建城市时空数据底座；以"一图"，即空间治理一张图建设为业务场景提供二、三维底图；以"一箱"，即空间治理工具箱建设提供数据处理、空间分析、业务分析等能力组件。基于"一库、一图、一箱"的开放能力，提供权威的空间数据和空间服务能力，推动自然资源领域空间规划、用途管制（图 5-11）、耕地保护、开发利用、资产权益、修复整治、灾害防治、执法督查等业务协同与流程再造。

应用场景 4：精准招商。以平台数据能力，支持搭建全国产业招商全量数据库，融合企业、专利、投资等数据；以平台模型能力，构建多维度企业价值评估体系，研发城市产业适配、行业趋势判断、企业价值评估、产业链强补延（强链、补链、延链）等招商工具。以平台地图能力，实现招商引资动态"一张图"（图 5-12），基于各地产业发展比较优势，构建企业间多维度地区联系（图 5-13）。

应用场景 5：亩均评估。以平台流程协同能力，面向各地"亩均效益"改革，评估存量工业项目的企业经营效能，为低效企业处置和高效企业奖励方案提供科学支撑；以平台灵活可配置能力，动态响应评估指标体系变化，研发评估对象、评估指标、评估模型、评估规则等多重配置工具。以年度为单位开展企业数据动态填报，由部门对企业填报数据进行审核（图 5-14），以完成多方协作审核的数据为依据，开展企业用地效益效能评估与定级（图 5-15）。

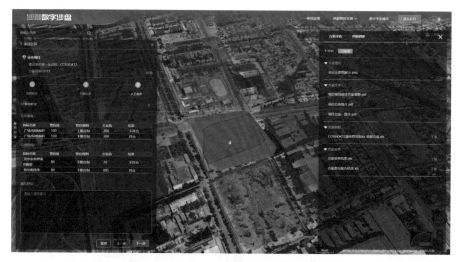

图 5-10　空间治理场景：规划实施监督

来源：清华同衡

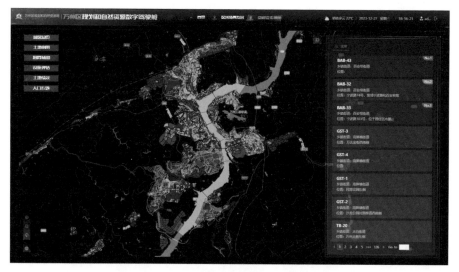

图 5-11　空间治理场景：用地全生命周期管理

来源：清华同衡

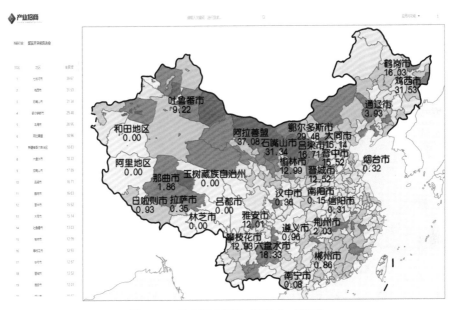

图 5-12　精准招商场景：招商"一张图"

来源：清华同衡

图 5-13　精准招商场景：产业链招商

来源：清华同衡

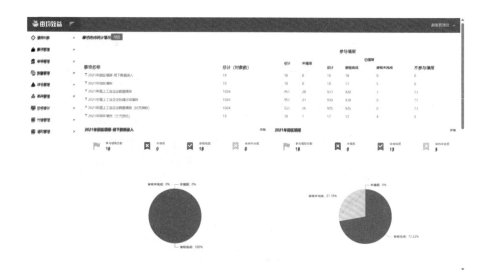

图 5-14　亩均评估场景：部门审核系统

来源：清华同衡《榆林市"亩均效益"综合评价大数据平台》项目组

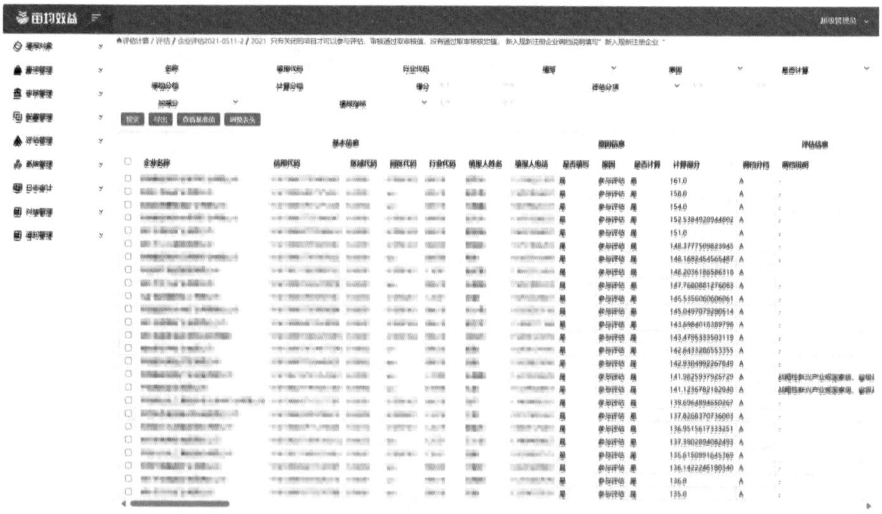

图 5-15　亩均评估场景：效能评估系统

来源：清华同衡《榆林市"亩均效益"综合评价大数据平台》项目组

（四）总结展望

城市规划智能开放支持平台以"多源数据＋模型算法＋专题制图"为核心，辅助规划师更快更好地利用多源数据辅助规划工作，同时在体检评估、空间治理、产业招商等领域实现辅助支持。平台的应用前景展望主要在以下方面，一是不断强化平台内核，不断丰富平台数据和模型，强化空间监测、空间管制、低效用地评价、完整社区评估、产业链招商等算法和模型构建，以精准支持空间规划、体检评估、产业发展等应用场景。二是推进平台知识生成，基于平台开放超市，不断积累数据、地图和方案，结合行业大模型，在"大模型＋文本""大模型＋效果图""大模型＋规划方案"等方面，拓展智慧生成式应用。

三、偏重敏捷治理的平台

（一）概况介绍："一网统管"平台

运用大数据、云计算、区块链、人工智能、物联网等现代信息技术，对城市生命体进行数字孪生，带动城市治理由数量规模型向质量效能型转变，由人力密集型向人机协同型转变，由传统经验型向大数据支撑型转变，由被动处置型向主动发现型转变，赋予城市本体更多的"自我感知、自我判断、自我调整"的能力，这将成为城市治理精细化、敏捷化、弹性化的新趋势。本节以"一网统管"为例，探讨相关的应用场景及其关键性技术，

2019 年 11 月，习近平总书记在上海调研时强调，抓好"政务服务一网通办""城市运行一网统管"，坚持从群众需求和城市治理突出问题出发，把分散式信息系统整合起来，做到"实战中管用、基层干部爱用、群众感到受用"。2020年 4 月，国家发展改革委关于印发《2020 年新型城镇化建设和城乡融合发展重点任务的通知》的通知（发改规划〔2020〕532 号），提出要"完善城市数字化管理平台和感知系统，打通社区末端、织密数据网格，整合卫生健康、公共安全、应急管理、交通运输等领域信息系统和数据资源，深化政务服务'一网通办'、城市运行'一网统管'，支撑城市健康高效运行和突发事件快速智能响应"。2021 年 3 月，十三届全国人大四次会议表决通过了关于《中华人民共和国国民经济和社会发展第十四个五年规划和 2035 年远景目标纲要》的决议，提出"顺应城市发展新理念新趋势，开展城市现代化试点示范，建设宜居、创新、智慧、

绿色、人文、韧性城市。提升城市智慧化水平，推行城市楼宇、公共空间、地下管网等'一张图'数字化管理和城市运行一网统管"。

通过整合政府、社会、互联网、视频物联等多种数据资源，建设集运行监测、态势感知、决策分析、指挥调度功能于一体的城市运行管理中心，形成城市深度认知、决策科学迅速的城市运行管理体系，实现城市治理要素、对象、过程、结果等各类信息在一个端口上的全息全景呈现，对城市治理各类事项在一个平台上进行集成化、协同化、闭环化处置，推进全域全量数据汇聚与运用，整合城市治理各领域的信息数据、生产系统，构建万物互联、互联互通的城市运行管理中心。

（二）顶层设计

一网统管建设致力于打造智慧城市的"应用枢纽、指挥平台、赋能载体"，紧扣"一屏观全域、一网管全城""应用为要、管用为王""实战管用、干部爱用、群众受用"的建设理念，围绕"高效处置一件事"的工作目标，打造"一图多景、城市体征、事件管理、综合指挥、融合通信、联合会商"六大功能，从而打破常规城市运行管理过程中条块分割的"小视野、短力矩"的格局，构建以块为统筹、向基层赋能的跨部门、跨层级的城市级运行管理指挥中心，形成城市深度认知、决策科学迅速的城市运行管理体系，达到"一屏统观、平战一体、一网协同"的建设目标，赋予城市"能感知、能思考、能决策、能指挥、能预见"的创新能力，为不同层级管理者提供个性化视图，提升智慧城市运营管理水平。

依托云底座、网络连接和物联视频前端传感，基于应用、数智和孪生三中台支撑，构建"城市体征平台、城市事件管理平台、城市运行管理平台"，形成城市运行管理指挥中心，面向民众、政府和企业，提供横向大、中、小三屏联动、纵向省、市、区、街道、社区五级联动的城市运行管理应用场景，达到城市深度认知、决策科学迅速的城市运行管理效果（图5-16）。

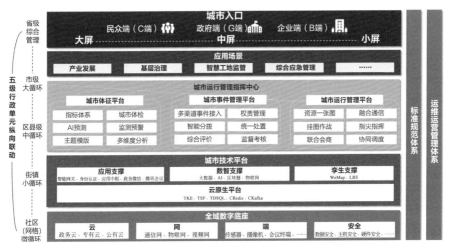

图 5-16 一网统管架构

来源：腾讯云

1. 城市体征平台

城市体征平台基于现代化城市评价指标体系，通过指标管理、监测预警、指标分析、AI 分析和城市体检、报告中心等后台管理能力，面向经济、生态、管理等业务领域，提供大、中、小屏三屏联动的主题场景应用（图 5-17）。

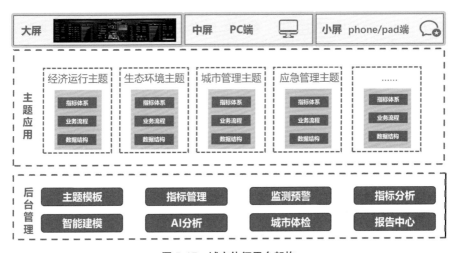

图 5-17 城市体征平台架构

来源：腾讯云

2. 城市事件管理平台

城市事件平台基于表单管理、流程中心、事件中心、网格中心、权限中心等后台管理能力，提供事件统一受理、权责管理、统一分拨、统一处置、监督考核的事件闭环管理功能，在大、中、小屏进行三屏联动应用（图5-18）。

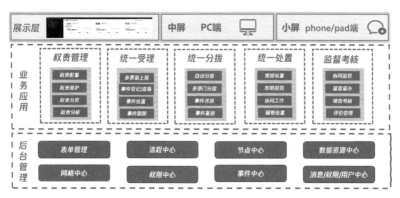

图5-18　城市事件管理平台架构

来源：腾讯云

3. 城市运行管理平台

城市运行管理平台基于事件中心、协同调度中心、指挥一张图等后台管理能力，提供运行管理、指挥调度、勤务值守、指尖指挥、挂图作战、预案管理等功能，在大、中、小屏进行三屏联动应用（图5-19）。

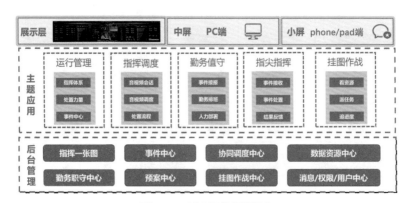

图5-19　城市运行管理平台

来源：腾讯云

（三）技术特色

为城市管理者提供城市体征的听诊器、城市运行的仪表盘、城市智能的源动力、城市治理的驾驶舱、城市指挥的发令台。

① 城市体征的听诊器：为城市管理者提供多元治理要素汇聚、深层数据维度分析、个性评估模型构建、科学决策分析支撑等多种能力，让管理者通过城市体征实时掌控城市的各项动态，实时把握城市的"心跳"和"脉搏"。

② 城市运行的仪表盘：为城市管理者提供直观、量化、立体、多维的展示能力，提高城市管理能见度。

③ 城市智能的源动力：为城市管理者提供智能融合中枢，主动推送决策方案，让每个管理者从容判断，通过数据融合和 AI 能力结合，让每个业务场景更加智能。

④ 城市治理的驾驶舱：为城市管理者提供城市事件快速处置的智能引擎，通过快速调度使每个事件的应对都精准有序，提高城市治理效率和服务水平。

⑤ 城市指挥的发令台：为城市管理者提供有令必行、协同作战的智慧平台，提升城市联动指挥能力。

在技术体系上，采用了如下创新做法，强化系统可扩展性、用户友好性、数据安全可靠性，应对城市实时动态管理的灵活性需求。

① 微服务：基于开源的 spring cloud 框架完成各模块业务实现。

② 高可用：基于里约网关的负载均衡策略保持各模块应用高可用。

③ 设备无关性：整体上，各类服务运行是跨平台的，基于 JDK（Java Development Kit）的运行，对设备、操作系统等无特定要求。

④ 开放性：基于 spring cloud 微服务开发，服务模块之间通信是 http 协议，可基于当前软件能力进行快速扩展，满足业务需求。

⑤ 用户权限控制：城市运行管理平台有比较严格的用户权限控制，控制面精确到菜单级别，所有的权限均需要管理员授权方可访问，且支持快速完成权限回收。

⑥ 用户鉴权：静态资源、接口等均需要用户完成登录鉴权，然后根据响应的权限控制来完成鉴权判定，避免出现越权等操作。

⑦ 数据加密：对敏感数据进行脱敏和加密处理。

（四）总结展望

1."一屏统观"场景，实现城市运行"一图揽全局，一屏观天下"

一屏统观基于多种信息模型，如地理信息模型 GIS、城市信息模型 CIM，融合卫星图、室内图、视频流、物联感知设备、分析图表等，将城市运行全局以数据的方式得以多维呈现，构建城市的数字孪生空间。基于城市体征指标进行专题分析，实现动态信息和决策服务信息的接入和整合，围绕"一城一图、一图 N 景、一景一业、一业一治、一治一策"，全面打造城市运行管理、态势感知、决策支持的"一图统揽、按图决策、依图施策"平台，实现城市运行"一图揽全局，一屏观天下"。

2. 城市体征应用场景，实现对城市运行状态进行全方位监控

城市体征作为一图多景的背后支撑架构，系统分析国内外各先行城市体征指标，全力打造构建一整套"五位一体"覆盖全行业的城市体征指标库，提供自看见到沉淀的闭环运行功能，实现对城市运行状态的全方位监测、全维度研判，使城市运行真正做到"眼中有图、决策有谱、管理有术"。

3. 事件管理场景，实现城市问题和城市事件分发更精准，处置更精细

城市事件管理平台基于统一的事件目录清单，接入 12345 热线事件、网上举报事件、舆情事件、城市体征事件、城市部件事件，同时通过大数据、AI 及人工智能等核心能力，对事件真伪、事件关系进行识别，建立城市治理事件图谱。依托后台的诉求响应分发机制，企业和群众诉求能够直达相应的职责部门，多部门联合解答、快速响应，使事件管理平台为网格、社区、街镇、区级、市级五级联动提供支撑和保障，真正成为政府联系群众、为民服务的平台。

4. 综合指挥应用，推动城市应急管理和重大事件跨部门联动，全流程监控

综合指挥平台建设打通了不同突发事件的全灾种应急处置流程与模式，打

造跨网跨空间的协调会商能力，融合业务部门指挥中心能力形成联动指挥体系，以挂图作战为核心形成政务工作的工程化管理能力。在应急状态下，对城市的重大突发事件、公共卫生安全事件、交通事故事件、群体性事件或城市服务事件等，形成呈现集中、指挥统一、多部门联合调度的快速应对局面。

5. 广州市"穗智管"城市运行管理中枢案例

广州市围绕"一图 20 主题"（图 5-20）建立城市运行综合体征和关键运行体征指标图景，大力推动管理手段、管理模式创新，实现"广州特色，二十主题"。广州市以"一图统揽，一网共治"为总架构，"智能 +"为总路径，实现"一网统管、全城统管"的"穗智管"，致力于打造全球城市数字化治理新标杆，是中国特色超大城市精细管理新模式的探索实践。

图 5-20　城市运行管理中枢示意

来源：腾讯云

四、偏重协同治理的平台

（一）概况介绍：城市更新多主体协商与利益博弈平台

随着生态文明建设与新型城镇化进程的推进，我国的城市发展呈现从"增量扩张"向"存量挖潜"转型的趋势，城市更新成为提升城市土地利用价值、促进经济转型、提高城市宜居品质的重要策略。同时，城市更新涉及的利益主体和产权关系复杂，往往需要多轮和反复的利益博弈过程，因此需要相关主体的广泛参与。在传统规划模式下，公众参与通常采取入户访问、问卷调查、规划公示、听证会等形式，需要大量人力与物力进行入户宣传，也会产生样本数量少、覆盖面窄、人力物力和时间成本高企、效果不彰等问题（聂婷 等，2016）。此外，传统的更新改造规划对要求精细化数据的个体行为研究不足，往往导致规划成果与复杂的发展现实不相符而难以实施（龙彬 等，2015）。

大数据时代，规划数据的类型和获取渠道得以大幅度扩展，并为参与式规划提供了技术工具。尤其是随着移动终端、新媒体、云计算等技术的发展，大数据已经渗入社会经济生活的方方面面。本节以清华大学建筑学院土地利用与住房政策研究中心开发的"城市更新多元主体利益协商治理平台"为例，探讨了一种典型的"专业主导＋技术辅助"的实现路径（图5-21）。

城中村改造的村民主体参与页面（App端）

老旧小区改造的成本收益计算器页面（PC端）

图5-21 城市更新多元主体利益协商治理平台手机端与PC端平台示意

来源：改绘自 Tian et al., 2022

为了破解城中村和老旧小区改造中的利益协商困境，研究团队研发了城市更新多元主体利益协商治理平台，包括城中村和老旧小区改造两个部分。协商治理平台由"PC 电脑端 +App 手机端"组成，包含改造需求调查、企业参与、规划设计、建设实施等阶段的线上流程式协商框架。使用主体主要包括居民（村民）、居委会（村集体）、开发商、政府和第三方组织，其中，政府、开发商、第三方组织以 PC 电脑端为主，App 手机端为辅，居民（村民）、居委会（村集体）以 App手机端为主。在整个协商过程中，第三方组织扮演协调者角色，汇总分析政府、开发商、居民（村民）、居委会（村集体）在手机端输入的信息和利益协商要求，发起多轮的利益互动协商流程，直到利益协商达成一致。协商治理平台运用技术手段收集、处理和分析数据和信息，将相对复杂的博弈流程转化为"线上 +线下"相结合，对于提升信息公开与交换效率、促进各方利益诉求的充分传达、优化更新协商流程，辅助城市更新协商过程的顺利推进具有重要意义。

（二）顶层设计

1. 理论基础：城市更新利益主体和参与式规划

（1）城市更新的相关利益主体

城市更新由"政府""市场"和"社会"三个主体构成，但具体到不同类型的城市更新中，利益主体也会有所变化。在城中村的更新改造中，利益主体由政府、开发商、村民／村集体和受影响的租户组成；在老旧小区改造中，利益主体则由政府、企业、居委会／居民等共同组成。其中政府在更新中占据非常重要的主导角色，负责制定拆迁补偿的标准、审核改造企业的资质、组织基层的力量来参与更新改造等。最重要的是政府通过对更新地块的土地功能、开发强度和规划方案进行审定，在很大程度上决定了更新后的土地价值。因此，对于更新后融资地块的功能、容积率、公共服务设施的配套等的博弈是城市更新中的利益焦点。

开发／投资商提供了城市更新的启动资金，解决了融资难题。对政府而言，一方面需要依靠市场力量完成更新，促进城市经济增长和城市环境品质的提升，因此对市场的一些要求多会采取迎合的态度；另一方面，需要对过度依赖市场造成的开发强度过高而产生的公共服务设施压力及其他负面影响保持警惕，因此政府与市场之间是合作与冲突并存的关系。

开发商与土地原业主（村民/居民）的关系则是冲突与不信任并存。总体上开发商在这对关系中是主导方。面对强势而灵活的开发商，产权人的选择一般是被动接受、"有限抗争"或"极端抗争"（钉子户）策略。但随着近些年来房价暴涨的利益诱导，在当前由开发商主导拆迁建设的城市更新模式中，因拆迁一夜暴富的现象层出不穷，对拆迁户的心理预期产生重大影响，原产权人与开发商之间的冲突越来越明显，采取极端抗争的案例层出不穷，"钉子户"现象越来越普遍，也导致了当前城中村改造难以为继的困境。

政府与土地原业主之间的关系则是冲突与依赖并存，其中主导方是政府。在博弈当中，政府采取的策略大体上是"柔性手段"与"强制手段"并存。"劝说"等柔性手段与强制手段结合来推进旧城改造进程是很多地方政府的选择。村民/居民在与政府博弈中处于相对弱势地位，其行动策略主要有"顺从""有限拖延""有限抗争"或者"极端抗争"（钉子户）。与开发商相比，村民/居民对政府的信任度会更高，但不信任感犹存。

城市更新中涉及的租户与城市公众，在现行更新模式下缺乏相关的渠道和路径。更新后很多租户由于难以承受更高的租金而搬离。由于缺少对租客权益的保障和公众参与规划的渠道，他们往往难以成为城市更新中的利益主体。

（2）参与式规划的相关理论与路径

参与式规划（participatory planning）是指在规划过程中，通过利益相关方的参与和有效沟通，进而形成共识，推进人居环境的改善提升（陈宇琳 等，2020）。参与式规划的理论最早可追溯至 Davidoff 和 Reiner（1962）的《规划选择理论》一文，其提出了运用多元主义体系应对规划过程中的价值观矛盾，确立了"倡导性规划"的概念，为公众参与城市规划提供了理论基础。Sherry Arnstein（1969）认为公众参与是对经济社会治理权的再分配过程，并提出了具有指导意义的"市民参与的梯子"理论，将公众参与按照参与程度划分出八个阶梯、三大层次（图5-22）：从低到高分别为"无公众参与"层次，对应政府单向的"操纵""引导"；"象征性参与"层次，对应公众被动接受"告知""咨询""劝解"；"实质性权力"层次，对应公众与政府形成有效"合作"、获得"授权"、主导"控制"。自20世纪60年代以来，城市规划中的公众参与一直受到规划学界的关注，诸多学者围绕公众参与的机制与程序（Davidoff，1965；Sager，1994）、公众参与效用评估（King et al.，1998；Ebdon et al.，2006）等议题展开探索，提出公众参与程序法制化、构建公众团体组织、引入专业技术顾问等提升公众参与程度、优化公众参与路径等对策。

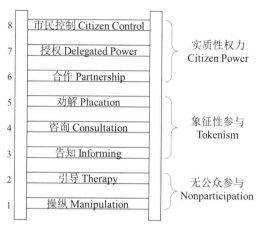

图 5-22　"市民参与的梯子"图解

来源：Arnstein，1969

（3）城市更新中公众参与规划的特点

我国的公众参与城市规划起步较晚。2008 年，《中华人民共和国城乡规划法》明确规定城市规划作为公共政策的功能，把公众参与列入了规划的法定过程，但大多停留在"象征性参与"中的"告知"等初级阶段。近年来，随着社区规划逐步引发关注，公众参与社区治理与空间环境品质改善的重要性日益凸显。陈宇琳等（2020）根据公众参与的组织方式，将基层公众参与划分为"组织化""个体化"和"自组织"三种形式，并借助在线互动地图等工具来提升参与过程的开放性与民主性，使公众可以对公共空间的改善建言献策。

首先，与一般的公众参与规划相比，城市更新规划中公众参与的主动性更强。对于与自己没有直接利益关系的城市规划项目，公众参与规划的积极性往往不高；而城市更新项目往往涉及产权拆迁补偿、居民安置、生活环境与设施条件变化等直接影响公众物质利益和生活权益的问题，因此公众有更强的主动性参与到城市更新项目中（秦波 等，2015；刘鹏，2019）。

其次，城市更新项目的相关利益主体较为明确，使自下而上的自发性公众参与组织更容易形成，或依托于原有社区、集体组织等，从而在与政府、开发商等主体的博弈中享有更高的话语权。除听证、公示反馈等一般化的公众参与规划编制的法定程序之外，城市更新的规划编制与实施中往往还会涉及直接利益主体的表决、拆补合约签订等程序，而公众主体在这些程序中享有较大的主动权，可以通过投反对票、拒绝签约等直接影响城市更新规划编制与更新项目实施的进程。

最后，城市更新规划项目中公众参与主体有明显的利益团体特征。城市更新在一定意义上是在特定空间范围内进行资源的重组织与再分配的过程，自身利益最大化是各个主体追逐的目标。在城市更新资源分配规则的制定过程中，具有相似利益诉求的主体会自发形成联盟、以寻求获得更大的话语权，从而形成若干利益团体。这对于提升公众参与程度具有积极意义，为自发性公众参与组织的构建提供了基础，但在一定程度上强化了不同利益主体之间的对立关系，可能导致协商流程中出现盲从、对抗等现象。

就目前国内的实践来看，虽然城市更新规划与一般规划项目相比具有更佳的公众参与规划条件，但尚未形成包含与村民/居民切身利益相关的拆迁补偿、安置地块选择、规划方案布局等真正的参与式规划，也未建立相关的平台与路径，因此亟待通过构建这一偏重协同治理的平台，助力人居环境精准化治理的实践。

2. 设计理念：构建多主体协商平台应对传统规划方法的不足

（1）城市更新中传统规划方法的不足

城市更新过程牵涉复杂的利益主体，多方利益协商成本高、效率低，达成一致的时间过长、成本也偏高。通过对现状城市更新流程进行梳理，可以发现城市更新中的传统规划方法存在如下问题：

① 协商过程涉及大量的入户调查与村民/居民的改造意愿收集，一旦方案发生变更，需要反复进行，耗费大量人力、物力与时间。

② 利益主体信息不对称，村民/居民对拆迁补偿或对所在小区的规划建设改造情况了解得不够，导致要么要价过高，要么由于不了解相关政策和自身权益而对更新改造产生不信任乃至抵触情绪。

③ 政府难以及时和全面了解更新过程中的村民/居民利益诉求及其变化状况，现实中常被开发商与村民/村集体形成的"联盟"所绑架，而不得不做出各

种让步。

（2）城市更新中的多主体协商平台解决方案

城市更新多元主体利益协商平台以"实质利益谈判法"为理论基础，形成流程式的协商框架，运用线上平台辅助线下更新的协商流程，形成分析、策划、讨论多轮循环的利益谈判机制。平台围绕城市更新流程中改造意愿、现状认定、更新主体认定、拆迁补偿方案、更新规划方案、更新实施六大阶段展开设计，连接六类主体——政府、开发商、村集体 / 居委会、村民 / 居民、第三方专业机构、其他利益相关方，以线上电子化形式实现信息和利益诉求的高效、透明、标准化传递。其适用情景包括两类：一是拆除重建类的城中村更新；二是老旧小区改造。

在拆除重建情景下，App 系统整体架构将形成由改造意愿、现状认定、拆补 / 改造方案、更新 / 改造规划、引入企业、拆迁 / 改造实施六大阶段组成的流程式协商框架（图 5-23）。针对每个阶段不同的协商主体、利益核心、协商标准和协商方案进行差异化协商模式设计，同时嵌入安置补偿面积测算、开发 / 改造情景模拟、更新 / 改造成本测算等技术模块，辅助利益协商的可视化。App 使用主体包括更新核心利益群体（村民、村集体、租户、居民、开发商、政府）和第三方工作小组。其中，第三方工作小组扮演利益协商的组织者和协调者角色。由第三方工作小组启动利益协商流程，核心利益群体在 App 中表达自身利益，遵循一定的协商原则，通过互动协商方式达成共识，完成整个更新协商流程。

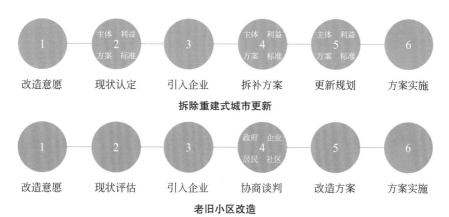

图 5-23　拆除重建和老旧小区改造中的六阶段流程式协商框架

来源：作者自绘

城市更新多元主体协商平台主要从五个方面提升城市更新流程的协商效率：

① 构建"多对多"协商平台：在传统城市更新流程中，由于各阶段博弈、协商焦点的转换，协商通常以"多个一对一"形式展开，博弈主体频繁更换、部分缺位，使得协商难以达成一致。通过"多对多"博弈平台的搭建，实现城市更新全过程、全主体参与。

② 协商流程线上化：在传统城市更新流程中，协商往往依靠开发商派出业务员逐户谈判，协商效率低下、时间成本巨大，且协商过程缺少有效监管。通过协商流程的线上化、电子化，减少时空协调成本，保证协商流程透明、高效。

③ 提供测算计算器：由于信息不对称，部分村民 / 居民对更新和拆补政策等了解不足或存在误解，导致过高的补偿诉求或无法维护自身的权益。平台根据地方法规与政策对面积认定方案、拆迁补偿方案、改造方案等进行定制化的测算，从而为村民 / 居民合理维护利益诉求提供参考依据。

④ 优化更新流程：现状城市更新部分流程存在重复表决等现象、耗费时间较长，且表决的"后置参与"的本质导致更新决策难以充分体现各主体利益诉求。平台构建"意愿摸底—协商—表决"流程，利用线上方式的便捷性收集意愿，从而提升决策对各方利益诉求的体现，减少重复表决。

⑤ 引入第三方专业机构：现行的做法往往由开发商主导更新实施方案的制定，推动协商流程。由于开发商与居民 / 村民之间存在利益博弈关系，部分不当执行方式容易激起对立情绪、引发对抗行为。平台以第三方专业机构主导推进城市更新进程，制定具体协商流程和方案，有利于对多方利益的协调。

（3）城市更新中传统规划方法与新型参与式规划方法的差异

和传统的"自上而下"规划方法相比，依托于移动终端 App 和 PC 端的参与式规划具有如下优势（表 5-1，图 5-24）：

① 数据来源：传统规划下，主要依托于开发商业务员入户调查和政府组织测绘的方式，而新型参与式规划模式下，依靠"村民 / 居民 / 村集体移动终端填报 + 政府测绘"相结合的方式获取。

② 规划方式：传统规划下，村民 / 居民参与方式是被动告知的模式；而新型参与式规划下，村民 / 居民在各个阶段都可以主动积极地参与，反映自身的诉求。

表 5-1　城市更新中传统规划方法与新型参与式规划的差异

（以城中村改造为例）

	传统规划	新型参与式规划
数据来源	政府组织测绘 开发商业务员入户调查	村民 / 村集体 App 填报 + 政府测绘相结合
规划方式	线下参与，村民处于被动告知的参与形式	线上 + 线下参与相结合，主动参与
规划流程	政府指定改造村庄→引入开发商→村集体 / 村民多轮谈判（配合多次规划方案）→达成共识→确定规划方案→实施更新规划	平台开放→有意向的村庄线上填写数据和填报改造意愿→界定更新意愿较高的村庄→引入开发商→第三方引导进行博弈（借助定容方案草模进行模拟）→确定拆补方案和更新规划方案→实施
政府监管	对开发商进行监管，对规划方案进行审批	博弈流程标准化； 通过平台实行全流程、全主体的监控，有助于快速识别更新中的矛盾点

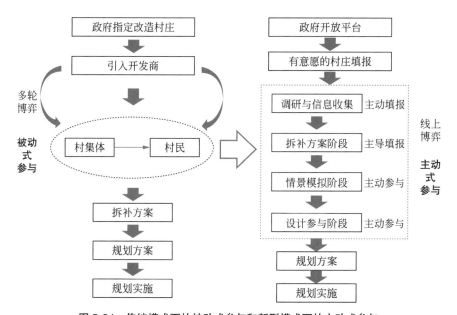

图 5-24　传统模式下的被动式参与和新型模式下的主动式参与

来源：作者自绘

　　③ 规划流程：在传统规划模式下，城中村更新一般遵循如下流程：政府指定改造村庄→引入开发商→村集体 / 村民多轮线下谈判（配合多次规划方案）→达成共识→确定规划方案→实施更新规划；而在新型的参与式规划模式下，政府可以首先开放平台并发布相关的补偿标准，然后有意向的村庄可以线上填写数据和

填报改造意愿。之后，政府界定更新意愿较高的村庄后，可以引入开发商；同时，在平台的四个功能模块——信息收集、拆补方案、情景模拟和设计参与阶段，村民均可主动填报和积极参与。在第三方专业机构的引导下，还可以借助定容方案草模（不同容积率、融资地块情景下生成的初步空间意向）进行模拟，最后确定拆补方案和更新规划方案。同时，新型参与式规划平台提供了村集体/居委会、开发商、第三方/政府等不同主体的接口与模块，为多主体的同时参与和利益博弈提供了平台。

④ 政府监管：在传统规划模式下，政府主要对规划方案和开发商的开发建设行为进行监控，而在城市更新利益博弈平台上，则可以将博弈流程标准化，增加博弈流程的规范性；平台会全程记录博弈过程，有助于政府识别钉子户和矛盾点，避免被开发商与村民/居民/村集体形成的"联盟"所绑架，更好地保障公共利益。

（三）技术特色

1. 城中村改造情景下的功能模块设计

针对城中村改造情景，城市更新多主体协商平台中的移动端 App 包括四个核心功能模块。此外，政府/第三方可以在 PC 端进行全流程监控，在此基础上及时调整规划方案与策略，推进城市更新进程。

（1）信息收集模块

在信息收集模块，更新改造的利益主体进行信息及时共享，提高信息对称度。村民、村集体、居民将家庭信息与更新改造涉及房屋信息、产证情况等以实名方式录入系统，作为基础信息收集的参考。政府将经过实地测绘的信息录入系统，用作比对。第三方主体通过"发布—反馈—统计"的方式收集其他各方主体的信息、诉求等情况，统筹协调，提升信息传达、反馈效率。

（2）测算参考模块

测算参考模块主要在三个环节运用：改造意愿阶段、面积认定阶段、拆补/改造方案阶段。测算参考模块的基本操作方式为：由第三方机构、政府提供政策文件参考，由相应规则制定责任主体录入、上传具体规则，平台根据录入规则和数据库信息，为各个主体提供相应的测算数据，从而使各利益主体对自己切身相关的利益所得获得直观认识。例如，通过为村民／居民提供测算计算器，使其了解拆补政策的变化，明确现行补偿规则下的自身权益，增加信息对称度。

（3）更新情景模拟模块

第三方专业机构／政府根据对于拆补方案、规划方案（包括功能分区、安置意向）的初步意愿摸底快速了解各主体诉求，拟订方案草稿，引入定容草模和情景模拟计算器（指标测算），为规划条件设定提供决策支持。并通过多次、敏捷的发布—反馈机制，同时获得多主体的反馈，高效地完成方案的调整、迭代，优化形成最终方案。

（4）设计参与模块

根据模拟的更新情景，对更新改造方案进行模块化设计，村民／居民可以基于模块化方案初步选择安置地块／公服地块改造方案等，并对公共服务设施、开放空间分布、道路交通布局等进行分项表决，最后达成满足多数人诉求的更新改造方案。

总体而言，由上述四个模块共同构成动态博弈平台，在线上进行多轮协商，可以实现协商流程可视化、标准化。通过将多个"一对多"的线下谈判整合到"多对多"的博弈平台上，大幅度减少时空协调成本（图 5-25）。

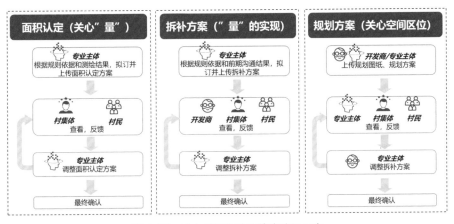

图 5-25　城中村更新动态协商流程示意

来源：作者自绘

2. 老旧小区改造情景下的功能模块设计

在老旧小区改造情景下，城市更新多元主体利益协商平台包括六个核心功能模块，即六阶段流程式协商框架中的"现状调研""需求调查""项目发起""企业参与""规划设计"和"实施运营"，均在 PC 端有所体现，使用对象为政府、企业和第三方等专业机构。而对应的移动端 App 包括四个功能模块，即"现状调研""需求调查""规划设计"和"实施运营"，主要面向居民和居委会使用。其中每个模块的设计理念和应用说明如下。

（1）现状调研模块

在针对某一具体社区开展老旧小区改造之前，首先需要对一定区域范围（如市、区、街道或既有的年度计划目录等）内分布的一系列待更新老旧小区进行较为全面的现状调研与评估，以了解社区进行改造的必要性和居民的改造意愿。调研的方式以居民和居委会在线填报为主，辅以政府和第三方专业人士的资料收集、实地调研和信息爬取。重点关注内容包括社区的人口组成、土地面积、建筑属性、房屋产权、基础设施功能评价、物业管理情况、文化特色，以及居民的家庭属性、对现状设施环境与治理水平的满意度、改造意愿、出资意愿等，通过上述层面的信息，政府和第三方可以初步判断各小区的改造必要性和可行性，为后续开展需求调查、生成改造项目等工作奠定基础。

（2）需求调查模块

在完成区域范围内的现状调研后，政府和第三方可根据实际情况的需要，选取部分社区开展改造需求的调查。调查由居民填报家庭基本信息、居民和居委会勾选改造需求列表（分为基础类、完善类和提升类）以及居民和居委会点选地图反馈具体现状问题等三部分组成。调查完成后，全部主体均可在线查看改造需求调查结果（图 5-21），为后续模块的改造成本计算、改造收益计算等提供依据。

（3）项目发起模块

针对需要改造的某一特定小区，政府可依据前期的调研结果（包括改造内容、居民意愿等）和相关标准及规定（市场主体招投标规定、工程造价参考等）填写改造项目及其数量、成本，得到一定年限范围内的老旧小区改造总成本，同时还可设定不同的出资比例得到融资方案的多种情景。针对收益部分，可分别计算闲置空间出租收入、物业收入、停车管理收入、财政补贴收入和其他收入的数量、价格及年限，并设定贴现率，将总收益和总成本的计算统一至当前的时间节点，进而得到范围内多个老旧小区的"总成本—总收益—净利润"空间格局。在经济维度评价的基础上，政府和第三方可以根据民生维度的评价结果、老旧小区的地理位置分布等将待改造的社区打包组合，生成项目列表。

（4）企业参与模块

政府根据上一模块生成的改造项目列表，组织企业竞标。参与竞标的企业在线下完成投资融资和技术方案等内容的策划，并通过平台提交相应说明，政府部门主要在线下审核企业的咨询策划方案，通过当面洽谈、书面报告等形式反馈意见，进行互动博弈，最终确定中标企业，并在系统平台上发布信息。值得注意的是，该模块中线上系统平台的主要任务是记录竞标流程中的关键信息，而对于大量具体的博弈细节仍然建议依托线下环节完成。

（5）规划设计模块

确定参与改造的企业后，企业需要与居民、居委会、政府、第三方等主体商议确定具体的规划设计方案和改造实施方案。其中居民和居委会是反馈意见诉求的核心主体，政府和第三方主要以政策指导和专家建议的视角提供审核意见。规划设计方案的内容可包括改造内容的"菜单式"组合、具体的社区规划和居住区设计示意图、后期运营模式等，改造实施方案可包括加装电梯、新增停车设施、提升物业服务质量等收费项目的标准。通过融合线上平台和线下实践，多方参与主体可以对方案进行充分协商、投票表决、签署协议等，并将修订完善形成的最终方案提交至系统平台，备案后正式投入实施。

（6）实施运营模块

在具体的实施运营阶段，仍然需要注重公众参与和政府监管，保障社区公共利益以及居民个体的正当利益不受侵害，故该模块试图搭建改造议事监督平台，促使政府、居民、居委会全程参与监督改造施工进度及后续运营状况，企业能够针对具体的意见诉求做出及时回应，进而记录得到线上协商流程，同时便于政府识别老旧小区改造实践中的突出"矛盾点"，为今后开展城市更新工作提供借鉴。

总体而言，政府、企业、居民、居委会和第三方等多元主体在老旧小区改造六个阶段（模块）中均承担着不同的任务角色。同样值得注意的是，区别于传统模式下主体间层级相对分明、采用"一对一"方式沟通和信息单向传导为主等特点，基于参与式规划的多元利益主体协商平台针对老旧小区改造不同阶段的特点，在 PC 端和 App 端之间搭建了"多对多"的信息反馈途径和实时沟通渠道，并通过三大核心功能连接不同主体和不同阶段，共同构成了全流程动态博弈情景（图 5-26），提升了决策的科学性、严谨性、可行性、公平性，降低了时间成本和管理成本，并有助于协商流程可视化、标准化的实现。

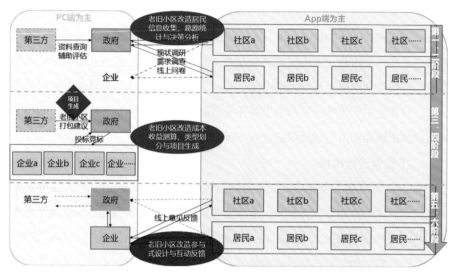

图 5-26 基于参与式规划的老旧小区改造利益主体间关系

来源：作者自绘

（四）总结展望

大数据时代来源丰富、形式多样的海量、动态、可持续信息资源及数字化平台能够有力地促进政府、企业、社会的协同合作，为涉及复杂博弈场景的城市更新提供了路径和工具，为实现人居环境的精准化治理提供了新的技术支撑与可行方向。借助参与式规划的理论与方法，构建城市更新多元主体利益协商平台，通过线上平台工具辅助线下流程，高效可视地推进更新改造的利益协商进程，为建构城市更新中的参与式规划提供了机遇。当然，不可否认的是，复杂的多主体利益协调，仅仅依靠线上沟通是不够的，同时需要配合线下的宣讲、培训和协商，通过"线上＋线下"的充分博弈，实现城市更新中各利益主体的充分参与，进一步强化协同治理，为应对城市问题的复杂性并更好地促进人居环境的精准化治理提供更具前景的解决方案。

五、偏重整体治理的平台

（一）概况介绍：雄安新区规划建设管理（BIM）平台

面向城市综合治理的复杂性、多部门联动、多行业关联、多学科交叉等需求与难点，人居空间精准化治理平台亟需解决全流程、全要素、全时空等整体性架构与模型计算问题。本节以雄安新区规划建设管理（building information modeling，BIM）平台为例，探讨偏重整体治理的平台建构。

雄安新区按照中共中央、国务院对《河北雄安新区规划纲要》的批复精神和河北省委省政府的总体部署，面向"创新、协调、绿色、开放、共享"的发展理念，"坚持数字城市与现实城市同步规划、同步建设，适度超前布局智能基础设施，推动全域智能化应用服务实时可控，建立健全大数据资产管理体系，打造具有深度学习能力、全球领先的数字城市"。"建立城市智能治理体系、完善智能城市运营体制机制，打造全覆盖的数字化标识体系，构建汇聚城市数据和统筹管理运营的智能城市信息管理中枢。"（中共中央 国务院，2018；周瑜，刘春成，2018）基于此，雄安新区委托中国城市规划设计研究院与阿里云，共同开发建设了"规划建设（BIM）管理平台（一期）"，创新数字城市的政策体系、标准体系和流程体系，以国际一流、国家自主产权的数字技术，不断探索数字城市孪生共建新模式，打造雄安高质量发展新时代。

雄安新区规划建设（BIM）管理平台的建设先行先试，对于国土空间规划改革、全国工程建设项目审批制度改革等都进行了有益的探索，特别是针对空间数据资源的全生命周期汇聚、治理、应用、赋能等进行了大胆尝试。2020 年 11 月 11 日，雄安新区规划建设（BIM）管理平台（一期）项目顺利通过终验专家评审会。来自住房城乡建设部、交通运输部、国家信息中心、中国电子技术标准化研究院、清华大学的专家组对项目成果交付文件及平台建设给予了高度评价。雄安新区规划建设（BIM）管理平台针对城市全生命周期的"规、建、管、养、用、维"六个阶段，在国内率先提出了贯穿数字城市与现实世界映射生长的建设理念与方式；自主构建了以 XDB（雄安地方标准）为代表的一整套数据标准体系；实现了从核心引擎到上层应用的完全国产化，技术自主可控。在国内 BIM/CIM 领域实现了全链条应用突破，具有领先性与示范性。平台各系统运行稳定可靠，将助力雄安数字孪生城市进一步完善提升（杨保军 等，2022）。

（二）顶层设计

以雄安质量、全国样板以及世界典范为目标，聚焦可操作、可落地、可推广，落实雄安理念，锚固七大创新，突破关键技术，构建可落地、可操作、可推广的数字规划顶层设计，体现为一个平台，一套制度，一套标准（杨滔 等，2021）。

1. 一个平台

一个平台，即数字规划平台。平台围绕地上 1km、地下 1km，提出全新的立体空间体系，以规划建设管理流程为依据，建立从现状运营（BIM0）—总体规划（BIM1）—详细规划（BIM2）—建筑设计（BIM3）—施工（BIM4）—竣工验收（BIM5）六大环节的审批管理系统，提供规划展示、项目审批与查询、规划管理与决策等服务，创建数字虚拟交易系统，实现对雄安地上地下的立体管控与数字资产管理（图 5-27）。

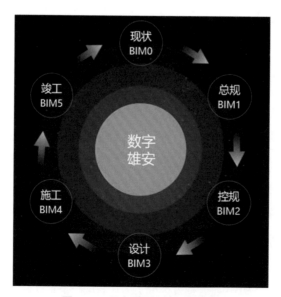

图 5-27　平台顶层设计理念示意

来源：参考文献（杨滔，鲍巧玲，李晶 等，2023）

总体架构为"四横两纵":"四横"为数据层、数据服务层、应用支撑层、应用层四个层次,自下向上提供综合服务;"两纵"分别为标准规范体系、安全保障体系,用以实现本项目从标准规范、安全管理、运维管理等阶段全过程的质量保障(图5-28)。

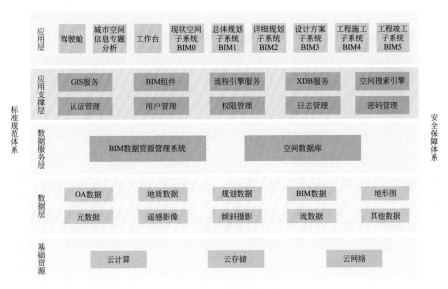

图 5-28 平台总体架构

来源:参考文献(杨滔 等,2023)

该平台系统架构共分基础资源层、统一空间数据层、统一编码层、空间服务层、业务支持层、API(应用程序编程接口)层和应用层七个层次,从技术支持底层—业务支撑—应用场景,为雄安新区智能发展夯实基础。基础数据层采用分布式云计算框架,通过大规模、可扩展的并行计算框架,提供的海量数据存储、高性能处理和分析服务,实现数据的毫秒级至秒级处理。

统一空间数据层打通GIS—BIM的数据壁垒,以地理信息系统为统一平台,纳入GIS数据、三维数据模型、物联网数据、影像数据等多维数据,建立规建管全流程的数据汇集,实现数据的二维到三维的展示,真实模拟城市建造过程。

统一编码层以空间单元为边界,建立时空统一编码,在平台中为城市任意构件提供唯一身份识别,并以统一空间编码为载体,实现对城市建设每个环节的记录,同时为后期城市运营管理、IoT监测等提供基础。

空间服务层提供给 GIS、BIM、IoT 数据的处理服务，建立数据分析引擎，创建与实体城市双生的虚拟数字镜像城市。依托海量数据运算与人工智能，构建城市开发、规划辅助模型，真实模拟城市建设对气候环境、城市交通、城市热力的影响，刻画城市画像，为城市管理与监测预警提供技术支撑。

业务支持层确保规划审批数据、城市运维数据、城市建设数据的安全，数字规划平台采取统一的安全管理与流程管理体系，针对不同部门、不同人员建立权限管理和账户管理机制，实时记录物理 IP，形成用户访问轨迹，对平台内部数据进行有效保护。

API 层开发针对 GIS 服务、BIM 服务、流程服务、传输服务、运营服务及权限服务的算法，满足城市管理服务需求及数字规划平台未来的无线拓展。

应用层围绕规建管审批流程，开展空间规划审批、控规审批、规划调整、项目准备、项目方案审批、项目施工审批、项目验收、规划评估等应用服务；通过 IoT 不断收集城市运营数据，开展城市运营、绩效管理等城市运维应用服务；利用平台开放 API、算法工具箱，数据共享等服务，实现面向世界的众规开放系统。

2. 一套制度

一套制度，即责任负责制度。紧抓"放管服"改革的牛鼻子，制定告知承诺制、建筑师负责制、总规划师单位负责制。在城市建设过程中，明确政府应管、该管的核心任务，将专业设计、验收审查与管理放权到企业与个人，加强社会监管力度，构建科学、便捷、高效的项目审批和管理工作机制。

3. 一套标准

一套标准，即数据标准体系。为确保数字规划平台实现动态数据汇总，避免不同行业标准、数据建设规范的不统一，平台定制了规划、市政、建筑等 17 个专业数据标准、数据交付格式标准以及 XDB 数据转换标准等。特别是为保证规划、地质、市政、建筑、城市家具等各类 BIM 数据的交换流转、不同阶段中的数据应用，还应对数据的记录格式进行标准化，用公开、标准的数据库格式记录各行业交付的数据，以保证后续应用中对 BIM 数据的无损读取，称之为"XDB 数据转换标准"。作为标准的成果，不仅要有 XDB 数据格式标准，还应提供 XDB 数据库文件的读取、写入接口函数工具样例，以利于各种 BIM 应用软件开发 XDB 数据库的插件，起到促进推广的作用。XDB 数据标准和数据库，还应在与 GIS 数据的融合中得到验证，使得在 GIS 环境下可以进行 BIM 数据对象的属性查验、指标检查。

基于数据标准体系，搭建沟通数字空间和实体空间的平台，推动雄安孪生共享，实现数字空间现实化以及现实空间数字化，夯实千年之城的时空规划、建设、运营以及决策基层。

（三）技术特色

平台立足建立全周期生长记录、全时空数据融合、全要素规则贯通、全过程治理开放的数字信息系统，其核心是优化时空资源配给，特别是从时间的维度去重新审视空间资源的配置，建立起实时协同反馈的规划与治理模式。

1. 全周期生长记录

平台遵循国土空间生长周期的客观规律，以数字技术对空间管理赋能增效，监测与展示雄安新区空间成长建设的全过程（图 5-29）。根据现实城市成长的"现状评估—总体规划—控详规划—方案设计—施工监管—竣工验收"六个阶段，实现城市全生命周期信息化和城市审批管理全流程数字化，推动数字城市数据汇聚和逐步成长，以现状运营（BIM0）—总体规划（BIM1）—控制性详细规划

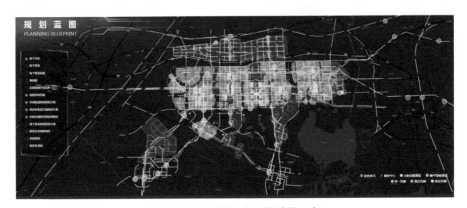

图 5-29　全周期生长记录功能示意

来源：参考文献（杨滔 等，2023）

（BIM2）—建筑设计（BIM3）—建筑施工（BIM4）—竣工验收（BIM5）共同构建数据积累、迭代的闭合流程，记录雄安的过去、现在与未来。

政务管理上，加强多部门的协调与沟通，最大限度地实现城市建设信息的共享与共通，有效促进城市建设项目的稳步推进。重点解决多方审查、项目审批、监管城市建设等问题，依据不同阶段的更新数据，自动生成半年或一年的咨询报告和体检报告，动态反馈城市建造与运行阶段的问题和矛盾，辅助城市规划、建设、管理等部门自检与沟通，确保城市管理者及相关利益方实时掌握城市运行效率，从全局到部件多方位地把握雄安发展脉搏。

2. 全时空数据融合

平台汇集地上地下空间数据和动态信息，建立空间编码体系，促进数字城市全时空要素管理（图 5-30）。以雄安实体空间为载体，纳入地质、自然地理、地理信息、市政管线、建筑模型等城市建设信息，完成雄安地上地下全息数字模型，统筹立体时空数据资产。以 XDB 开放数据格式实现"大场景 3DGIS 数据＋小场景 BIM 数据＋微观物联网 IoT 数据"等多源数据的有机融合，强化地上、地下空间资源的可视化管理，促进国土空间资源的立体化、综合化利用。以 GIS 为基础地理信息底层，应用开放数据格式，整合不同类型的 BIM 以及 IoT，实现数字城市与现实城市孪生生长，同步建设，实时感知城市现状，实现规划、建设、

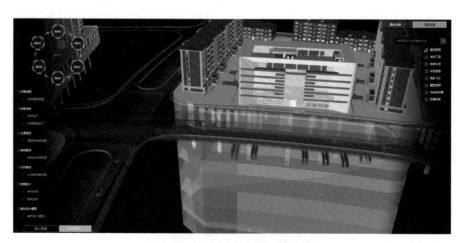

图 5-30　全时空数据融合功能示意
来源：参考文献（杨滔 等，2023）

施工、竣工及城市运营管理全贯通。在目前各行业应用端软件核心引擎基本为外国持有的情况下，基于这套完全自主的数据标准（数据格式）可以从根本上确保平台数据集合的数据安全问题。

为规范数字规划平台数据的分类、编码与组织，实现数字城市全生命期数据的交换、共享，推动数字城市的应用发展，平台系统建立统一空间编码，将不同层次、不同维度、不同粒度的数据，进行融合后协调处理。不同的数据进入空间数据库后，按照统一要求，进行格式转换、存储，并按照空间数据分类对数据赋予统一空间编码，保证各种类型数据条理清晰，方便管理，方便应用。以空间唯一身份证为核心，建立立体时空数据资产管理体系，实现城市每一立方的数字空间和实体空间的对应关系，实时记录雄安的规划建设运营情况。突破现有土地财政限制，创新地下空间的共购模式，推动雄安地上和地下双空间价值的倍增发展，探索无限延伸、无限活力、无限幸福的时空数字交易模式。

3. 全要素规则贯通

平台以多规合一、多测合一、多管合一的理念，构建覆盖审查—监测—评估—预警等多种需求的指标体系，制定规划设计、技术指南、标准规范、相关政策等内容共同确定的"全量无损"管控规则，制定各专业平台成果交付标准，整合打通六大阶段中规划—建筑—市政等跨专业的指标计算关系，结合"城市—组团—用地—建筑—房间—构件"等多尺度空间单元，实现从总体规划逐步落实到地块层面，最后落实到建设层面的纵向传导过程，形成层层传递、全局联动、敏捷迭代的城市智能化决策规则，拉通指标—标准—构件属性挂接的传递，实现描述性管控要素在信息载体上的落位。

平台以数字化的方式，打破规建管六个阶段中不同行业、不同规则和不同数据的边界，实现协同式的全贯通治理模式（图5-31）。平台协同规划、市政、建筑、勘测等多领域专家全面梳理了行业知识图谱、技术应用、发展趋势等内容，以数字化技术为桥梁整合地质勘测、自然地理、市政交通、国土空间规划、建筑设计等多个类型的数据和信息，理顺从现状走向未来城市的全产业链条，建构全局敏捷联动和反馈的新机制，创新一体化迭代的管理和产业体系。

图 5-31　全要素规则贯通功能示意

来源：参考文献（杨滔 等，2023）

4. 全过程治理开放

平台积极探索以数字技术推动政府、市场和公众角色创新，开创中国城市治理新模式，实现更加开放的管理，以可查询、可追溯、全透明为目标建立城市数据档案；推动更加开放的设计，通过在线开放众规的数据库和工具软件，聚集全世界设计力量随时随地为建设献计献策，推动市民和政府之间有效的沟通，促进城市治理方面的改善；促进更加开放的决策，通过刚性指标的审查实现政府管理，通过多种方案的对比交易实现市场自由选择，以城市决策的多维化促进城市空间的多样化。

（四）总结展望

雄安新区规划建设（BIM）管理平台基本出发点是以人的体验为本，主动式地介入城市综合性的规建管一体化全流程。基于时空大数据库，它首先进行全域的多维度感知，主动发现消费、能源、生产、环境、交通、垃圾等方面的城市变化和问题；然后进行生态、社会与经济的综合性分析，将感知到的变化和问题，提炼为诸如产业经济的异常或行业事件的报警；利用人工智能技术识别出经常报警的事项，发现影响因素，从而采取措施，如采用智能手段及时解决问题或者进行知识积累，再采用国土空间规划设计与治理等方式进行更为综合的诊断与介入。

基于国产自主安全体系，未来雄安新区将探索规建管应用级数据和平台的全开放试点，开创城市治理运营 App，便于市民在任意时间、任意地点对城市运营治理的相关信息查询与建议反馈，实现管理者与城市居民的零距离交流。此外，依托以实景建设的虚拟数字镜像城市，未来雄安新区计划将雄安规划建设方案进行全景展示并开放数据平台，积极鼓励全世界公众和专业人士参与雄安建设，推出规划建设治理发展的全新模式，开辟全球城镇化的新时代。

六、小结

本章以空间规划智能开放支持平台、"一网统管"平台、基于参与式规划的城市更新多主体协商 App 与利益博弈平台、雄安新区规划建设管理（BIM）平台作为典型案例，分别从循证治理、敏捷治理、协同治理、整体治理四个角度，深入探讨了人居空间精准化治理的数字化与智能化工作。从这些案例之中可发现，物联感知系统为人居环境的数字化提供了更多的实时动态数据融合与表征分析能力，大数据模拟仿真为人居环境的智能化提供了更多维度的综合决策支撑能力，人机互动知识生成为人居环境的智慧化提供了更广更深的跨学科、跨行业、跨人群的态势与事件预判能力。这些能力彼此连通，以技术模块灵活组合的方式，共同支撑更为复杂、更为动态、更为精细的城市治理工作。随着多模态大模型技术的涌现，可预见在不久的将来，整合感知、认知、推演、行动的多维度综合机器学习技术将会更为成熟，人机互动的深度融合与体验技术也将更为完善，这将有可能颠覆现有的技术体系，将催生出类智慧化的人机融合治理模式，并将激发更富有创新能力的未来城市生成。

参考文献

陈宇琳，肖林，陈孟萍，等，2020. 社区参与式规划的实现途径初探：以北京"新清河实验"为例［J］. 城市规划学刊，（1）：65-70.

刘鹏，2019. 城市更新项目公众参与关键成功因素研究［D］. 重庆：重庆大学.

龙彬，汪子茗. 大数据时代城中村改造的规划技术路线初探［J］. 建筑与文化，2015（4）：141-143.

聂婷，赖寿华，王建军，等，2016. 规划生产信息化的数据治理机制思考：以广州院"智慧规划师"平台为例［C］// 中国城市规划学会. 规划 60 年：成就与挑战——2016中国城市规划年会论文集. 北京：中国建筑工业出版社.

田莉，于江浩，杨滔，2023. 智慧人居环境理论模型与应用探索：复杂系统视角［J］. 城市规划，47（12）：78-88.

秦波，苗芬芬，2015. 城市更新中公众参与的演进发展：基于深圳盐田案例的回顾［J］. 城市发展研究，22（3）：58-62+79.

杨保军，杨滔，冯振华，等，2022. 数字规划平台：服务未来城市规划设计的新模式［J］. 城市规划，46（9）：7-12.

杨滔，鲍巧玲，李晶，等，2023. 雄安城市信息模型 CIM 的发展路径探讨［J］. 土木建筑工程信息技术，15（1）：1-6.

杨滔，杨保军，鲍巧玲，等，2021. 数字孪生城市与城市信息模型（CIM）思辨：以雄安新区规建设 BIM 管理平台项目为例［J］. 城乡建设，（2）：34-37.

中共中央，国务院，2018. 关于对《河北雄安新区规划纲要》的批复［N/OL］.（2018-04-20）［2024-03-11］. https://www.gov.cn/zhengce/2018-04/20/content_5284572.htm.

周瑜，刘春成，2018. 雄安新区建设数字孪生城市的逻辑与创新［J］. 城市发展研究，25（10）：60-67.

ARNSTEIN S，1969. A ladder of citizen participation［J］. Journal of the American Institute of Planners，（35）：216-224.

DAVIDOFF P，1965. Advocacy and pluralism in planning［J］. Journal of the American Planning Association，31（4）：331-338.

DAVIDOFF P，REINER T A，1962. A choice theory of planning［J］. Journal of the American Institute of Planners，28（2）：103-115.

EBDON C，FRANKLIN A L，2006. Citizen participation in budgeting theory［J］. Public Administration Review，66（3）：437-447.

KING C S，FELTEY K M，SUSEL B，1998. The question of participation：toward authentic public participation in public administration［J］. Public Administration Review，58（4）：317-326.

SAGER T，1994. Communicative planning theory：rationality versus power［M］. England：Avebury.

TIAN LI，LIU JINXUAN，LIANG YINGLONG，et al.，2022. A Participatory e-Planning Model in the Urban Renewal of China：implications of technologies in facilitating planning participation，Environment and Planning B［J］. 2022（6），1-17.

自然资源部智慧人居环境与空间规划治理技术创新中心简介

　　自然资源部智慧人居环境与空间规划治理技术创新中心（简称"智慧人居创新中心"）于 2022 年 8 月获批建设。智慧人居创新中心由清华大学牵头，北京清华同衡规划设计研究院有限公司（简称"清华同衡"）与腾讯云计算（北京）有限责任公司（简称"腾讯云"）联合共建。智慧人居创新中心聚焦四个重点研发方向：①智慧人居环境的理论基础与方法；②人居环境数智化构建；③国土空间动态化规划；④空间规划精准化治理。依托清华大学、清华同衡和腾讯云一流的技术研发与产业转化能力，智慧人居创新中心致力于打造数字孪生应用于人居空间治理的国际前沿阵地，建成数智赋能国土空间规划的国内领先高地，建设智慧人居技术集成与推广应用的一流示范基地，形成复合型国土空间规划人才培养的特色教育基地。

自然资源部智慧人居环境与空间规划治理技术创新中心
Technology Innovation Center for Smart Human Settlements
and Spatial Planning & Governance,MNR

作 者 简 介

田莉

剑桥大学博士，清华大学建筑学院教授、土地利用与住房政策研究中心主任，智慧人居创新中心主任／技术带头人。首届优秀青年科学基金获得者，北京高等学校卓越青年科学家，首届中国城市规划青年科技奖获得者。2020年和2023年两次作为首席专家获国家社科基金重大项目立项，主持国家重点研发计划课题、国家自然科学基金面上项目等十余项重要科研项目，主持牵头项目获住房和城乡建设部华夏建设科学技术奖一等奖、教育部科学技术进步奖二等奖、北京市科协优秀决策咨询成果二等奖、国际城市与区域规划师学会（ISOCARP）的Gerd Albers特别提名奖等。2014年起，连续上榜社会科学领域爱思唯尔（Elsevier）"中国高被引学者"；2019年至今，连续入选斯坦福大学发布的五版"全球前2%顶尖科学家榜单"。

感想：智慧之探索，人居之精髓，吾辈之所愿。

杨滔

清华大学建筑学院副教授，兼任智慧人居创新中心副主任／运营委员会副主任／技术带头人、《城市设计》副主编、中国城市科学研究会数字孪生与未来城市专业委员会副主任委员、建设互联网与BIM专业委员会副主任委员等。主持科技部"数字城市规划技术集成平台研究"等课题十余项；主持雄安新区BIM/CIM平台、深圳既有重要建筑BIM建模等信息化项目十余项。曾获中国地理信息产业优秀工程金奖、中国建筑学会建筑设计奖、全国优秀城市规划设计奖等。

感想：智慧人居环境面向未来，应对千年未有之大变局。

郑筱津

北京清华同衡规划设计研究院有限公司副院长，教授级高级工程师，自然资源部国土空间规划行业科技领军人才，智慧人居创新中心副主任／技术带头人，中国城市经济学会常务理事，中国城市规划学会总体规划专业委员会委员，多个省区市智库专家。主持参与数十项重大科研课题，主持负责40多个省区市总体和战略规划、区域规划，曾获80多项国家级、省部级规划设计和科学技术奖。

感想：数字化转型促人居环境和空间治理科学化、高效化和精准化。

林文棋

清华大学建筑学院高级工程师，北京清华同衡规划设计研究院有限公司总规划师、技术创新中心主任，智慧人居创新中心副主任 / 技术带头人，全国优秀城市规划科技工作者。长期从事城市发展研究和规划方法研究，将城市发展理论方法与中国特色城镇化实践相结合，利用大数据和前沿规划分析技术支撑城市实践研究。负责全国各地城市发展、规划及信息化项目 300 余项。主持和参与的项目曾获国家级、协会、学会及省部级以上奖项 30 余项。

感想：以智慧创新推进理想人居，实现人居价值。

陈志洋

腾讯原数字孪生高级产品架构师，智慧人居创新中心原研究人员，擅长实施型城市设计及城市 CIM 等领域

感想：数字孪生技术打破时间与空间的限制，给智慧人居带来更多创新与可能性。

冯楚凡

清华同衡技术创新中心数字治理研究所规划师，智慧人居创新中心研究人员

感想：智慧人居让生活最终成为人们理想的模样。

何慧灵

清华同衡技术创新中心数智经济研究所项目经理，智慧人居创新中心研究人员

感想：智慧人居、科技创新赋能人类未来生活。

何钦一

清华大学硕士研究生，智慧人居创新中心研究人员

感想：学科交叉，共创智慧人居未来。

胡安妮

清华大学博士研究生，智慧人居创新中心研究人员

感想：智慧人居，你我携手。

霍晓卫

清华同衡副院长，智慧人居创新中心技术骨干

感想：近年来，结合在全国各地的历史聚落，尤其是在非历史文化名城、非历史文化保护地区的保护实践，清华同衡认识到历史聚落中传统肌理片区存在的广泛性与面临的普遍危机，进而主动创新，结合机器学习图像识别软件等

新技术，研发具有自主知识产权的历史聚落传统肌理识别技术工具与流程，形成软件著作权与专利。目前已积累了涉及不同省份城市的一定数量案例。这是智慧人居从文化遗产角度可以做的一些工作。

来源

清华大学建筑学院助理教授，纽约大学城市管理研究所研究学者，智慧人居创新中心副秘书长 / 技术带头人

感想：智慧人居是促进人民幸福城市建设与科技创新的重要契机。

李颖

清华同衡技术创新中心数字治理研究所副所长，智慧人居创新中心技术骨干

感想：数字赋能智慧治理，创新提升人居价值。

连欣蕾

清华同衡技术创新中心数字治理研究所项目经理，智慧人居创新中心研究人员

感想：智慧人居为人民实现虚拟世界的现实映射。

梁印龙

清华大学博士研究生，智慧人居创新中心研究人员

感想：智慧人居，以人为本，以智慧居。

刘晨

清华大学博士研究生，智慧人居创新中心研究人员

感想：守正创新，塑造未来。

刘锦轩

清华大学硕士研究生，智慧人居创新中心研究人员

感想：跨学科融合，走向智慧人居环境。

刘雨晴

清华同衡技术创新中心数字治理研究所高级项目经理，智慧人居创新中心研究人员

感想：智慧人居，在时空发展的不确定中，让生活保持温度。

刘子昂

清华大学博士研究生，智慧人居创新中心研究人员

感想：共创智慧人居，规划引领未来。

齐大勇

清华同衡总体发展研究和规划分院智慧规划研究部规划师，智慧人居创新中心研究人员

感想：智慧规划，科技赋能，美好人居。

秦潇雨

腾讯原数字孪生高级产品专家，智慧人居创新中心原副秘书长 / 技术带头人

感想：通用人工智能（AGI）时代奔涌而来，数字孪生城市正在进化为超级智能体，人居环境将会由此涌现出令人意外的全新场景。

孙驰天

腾讯数字孪生仿真技术总监，智慧人居创新中心技术带头人

感想：致力于用仿真技术推动智慧人居发展。

孙小明

清华同衡技术创新中心数字治理研究所所长，智慧人居创新中心技术带头人

感想：美好人居、智慧变革，方向坚定、行则将至。

汪淳

清华同衡副总规划师，总体发展研究和规划分院副院长，智慧人居创新中心运营委员会主任 / 技术带头人

感想：推动智慧人居理论创新，赋能空间治理现代化。

王鹏

腾讯研究院资深专家，正高级规划师，智慧人居创新中心研究人员

感想：我们正面临借助数字纽带重新发明城市的机遇和挑战，不是简单延续和放大现代城市的发展模式，而是用计算与连接能力实现物质和能量等资源的精确供需匹配。

吴梦荷

清华同衡技术创新中心数智经济研究所副所长，智慧人居创新中心研究人员

感想：以智慧人居理念建设中国式的现代化宜居城市。

谢盼

清华同衡技术创新中心数字城市研究所副所长，智慧人居创新中心研究人员

感想：行业发展正以开放的态度拥抱智能技术，实现融合互赢。

杨鑫

清华大学硕士研究生，技术创新中心研究人员

感想：希望为智慧人居环境添砖加瓦。

于江浩

清华大学博士研究生，智慧人居创新中心研究人员

感想：掌握智慧技术，共享人居未来。

余婷

清华同衡总体发展研究和规划分院智慧规划部副主任，智慧人居创新中心秘书长 / 技术带头人

感想：数智空间、智慧规划、精细治理共创智慧人居。

张捷

清华同衡文化与自然资源研究所所长，智慧人居创新中心技术骨干

感想：作为高质量发展的重要内容，历史文化遗产保护与利用在与智慧人居相结合中，需要在理论创新、技术融合与管理实践等方面持续深化。

郑茜

清华同衡技术创新中心项目经理，信息系统项目管理师（高级），智慧人居创新中心研究人员

感想：打造智慧人居环境，全面提升生活品质。